安全生产"谨"上添花图文知识系列手册

消防安全知识宣传教育手册

东方文慧　中国安全生产科学研究院　编

中国劳动社会保障出版社

图书在版编目(CIP)数据

消防安全知识宣传教育手册/东方文慧　中国安全生产科学研究院编.—北京：中国劳动社会保障出版社，2012

安全生产"谨"上添花图文知识系列手册

ISBN 978-7-5045-9589-8

Ⅰ.①消… Ⅱ.①东…②中… Ⅲ.①消防-安全教育-手册 Ⅳ.①TU998.1-62

中国版本图书馆 CIP 数据核字(2012)第 037755 号

中国劳动社会保障出版社出版发行

(北京市惠新东街 1 号　邮政编码：100029)

出 版 人：张梦欣

*

北京市艺辉印刷有限公司印刷装订　　新华书店经销
880 毫米×1230 毫米　32 开本　4.75 印张　99 千字
2012 年 3 月第 1 版　2024 年 12 月第 30 次印刷
定价：20.00 元

营销中心电话：400-606-6496
出版社网址：http://www.class.com.cn

版权专有　　侵权必究

如有印装差错，请与本社联系调换：（010）81211666
我社将与版权执法机关配合，大力打击盗印、销售和使用盗版图书活动，敬请广大读者协助举报，经查实将给予举报者奖励。
举报电话：（010）64954652

编委会名单

马卫国　张　宇　武　超　柴继昶　崔昊阳
孙旭东　代翔潇　吴志林　温圣荣　王晓波
于海跃　谷金平　于长柱　李　涛　王晓红
李宏芬　王　雷　王　君　田永辉　张继杰

序

生产经营单位发生的大量事故,促使人们探求事故发生的原因及规律,建立事故发生的模型,以指导事故的预防,减少或避免事故的发生,于是就有了事故致因理论。

各种事故致因理论几乎都有一个共识:人的不安全行为与物的不安全状态是事故的直接原因。无知者无畏,不知道危险是最大的危险。人为失误、违章操作是安全生产的大敌。有资料表明,工矿企业80%以上的事故是由于违章引起的。因此,即使在现有的设备设施状况、作业环境、管理水平下,如果大幅度减少违章,安全生产状况也会有显著改善。

作业人员的遵章守纪,是安全生产的重要前提之一,其重要性不言而喻。企业员工要具备与自己的工作岗位相适应的生理、心理与行为条件,要具有熟练的操作技能,还应具备故障监测与排除、事故辨识与应急操作、事故应急救援等技能。这就是打造所谓"本质安全人"的基本要求,这也是企业面临的重要而艰巨的任务。

多年来,东方文慧为"本质安全人"奉献了大量优秀的安全文化产品。新年伊始,又策划出版了"安全生产'谨'上添花图文知识系列手册",这是一件十分有意义的事情。通过安全生产知识的学习，对提高广大员工的安全素质将会起到重要作用。

系列手册包括了《安全生产基础知识宣传教育手册》《作业现场安全知识宣传教育手册》《消防安全知识宣传教育手册》《全民公共安全知识宣传教育手册》《员工安全行为规范宣传教育手册》5个分册，内容翔实，图文并茂，通俗易懂，是企事业单位安全生产培训与宣教以及职工自主学习的优秀资源。

我相信，系列手册的出版将会为企业的安全生产增砖添瓦。我愿意将系列手册推荐给广大职工，同时将我的祝福送给各位朋友：平安相随，幸福相伴！

赵云胜

2012年2月20日

目 录

第一章 牢记消防基本知识 正确使用消防器材 ……………1

第一节 消防四个能力的定义与实施 ……………1
一、消防四个能力的基本定义 ……………1
二、消防四个能力的实施 ……………2

第二节 话说"119消防宣传日" ……………4
一、"119消防宣传日"的由来 ……………4
二、火警电话为何确定为"119" ……………4
三、全国消防力量知多少 ……………5
四、我国消防法制建设成就 ……………6
五、历年消防宣传日主题 ……………6

第三节 学习消防基础知识 ……………8
一、燃烧的含义 ……………8
二、燃烧要素和燃烧条件 ……………8
三、自燃、自燃点的含义 ……………10
四、爆炸的含义 ……………10

第四节 认知和正确使用消防器材 ……………12
一、消防设施、器材 ……………12
二、认知常用灭火器 ……………12

  三、灭火器的正确使用与维护 ·················· 16

  四、消火栓的正确使用与维护 ·················· 18

  五、消防水带的正确使用与维护 ················ 20

  六、消防水枪的正确使用与维护 ················ 21

第二章　防火措施须紧抓　安全生产有保障 ············ 23

第一节　电气线路防火要领 ·················· 23

  一、电气线路的火灾危险性 ··················· 23

  二、电气线路的防火措施 ···················· 25

  三、架空线路、屋内布线的火灾危险性 ············ 27

  四、架空线路、屋内布线的防火措施 ············· 28

第二节　电气照明防火要领 ·················· 30

  一、电气照明火灾危险性 ···················· 30

  二、电气照明防火措施 ····················· 32

第三节　电动机防火要领 ···················· 35

  一、电动机火灾危险性 ····················· 35

  二、电动机防火措施 ······················ 36

第四节　公共场所防火要领 ·················· 38

  一、公共场所防火常识 ····················· 38

  二、牢记禁止烟火安全标示出现位置 ············· 38

  三、烟头极易引起火灾 ····················· 40

第五节　家庭防火常识 ····················· 42

  一、火灾报警具体步骤 ····················· 42

  二、厨房烹饪防火常识 ····················· 42

  三、家用电器火灾预防 ····················· 43

目 录

第三章 危化事故破坏大 防火防爆措施到 …………… 55

第一节 危险化学品防火要领 …………………………… 55
一、危险化学品的定义 ………………………………… 55
二、危险化学品的分类 ………………………………… 55

第二节 危险化学品物品火灾危险性 …………………… 57
一、爆炸品的火灾危险性 ……………………………… 57
二、易燃液体的火灾危险性 …………………………… 58
三、压缩气体和液化气体的火灾危险性 ……………… 59
四、易燃固体、自燃物品和遇湿易燃物品的火灾危险性 … 59
五、自燃物品和遇湿易燃物品的火灾危险性 ………… 60
六、氧化剂和有机过氧化物的火灾危险性 …………… 60
七、毒害品的火灾危险性 ……………………………… 61
八、腐蚀品的火灾危险性 ……………………………… 61

第三节 危险化学品防火措施 …………………………… 62
一、爆炸物品的防火措施 ……………………………… 62
二、压缩气体和液化气体的防火措施 ………………… 62
三、易燃液体的防火措施 ……………………………… 63
四、易燃固体的防火措施 ……………………………… 63
五、自燃物品、遇湿易燃物品的防火措施 …………… 63
六、氧化剂和有机过氧化物的防火措施 ……………… 64
七、毒害品的防火措施 ………………………………… 64
八、腐蚀品的防火措施 ………………………………… 65

第四节 部分化学品危险性状与预防急救措施 ………… 65
一、一氧化碳 …………………………………………… 65
二、二氧化硫 …………………………………………… 67

III

三、硫化氢 …………………………………………… 67
四、硫酸 ……………………………………………… 68
五、氨 ………………………………………………… 69
六、氯气 ……………………………………………… 70
七、苯 ………………………………………………… 70
八、二甲苯 …………………………………………… 71
九、液化气 …………………………………………… 72
十、汽油 ……………………………………………… 73
十一、乙醇 …………………………………………… 74
十二、氰化钠与氰化钾 ……………………………… 74
十三、丙烯 …………………………………………… 75
十四、甲醇 …………………………………………… 76

第四章 掌握火灾扑救技能 熟记火场逃生技巧………… 78

第一节 灭火基本常识 …………………………………… 78

一、扑救火灾的一般原则 …………………………… 78
二、发生火灾后报警步骤 …………………………… 78
三、扑救气体火灾应采取的措施 …………………… 79
四、带电灭火时应注意的事项 ……………………… 79
五、水的灭火作用和适应性 ………………………… 79
六、砂子、泥土的灭火作用 ………………………… 80
七、初起火灾扑救的要点 …………………………… 80
八、初起火灾的扑灭程序 …………………………… 83
九、初起火灾扑救十二要领 ………………………… 85

第二节 常用设施、设备火灾扑救 ……………………… 89

一、常见化学危险品火灾扑救要点 ………………… 89

二、机动车辆火灾扑救要点 ········· 92
三、液化石油气火灾扑救要点 ······· 94
四、高层建筑火灾扑救要点 ········· 95
五、地下建筑火灾扑救要点 ········· 96
六、油罐火灾扑救要点 ············· 97
七、燃气火灾扑救要点 ············· 98
八、油漆、溶剂厂火灾扑救要点 ····· 98
九、木材加工厂火灾扑救对策 ······· 99
十、钢结构建筑火灾扑救要点 ······ 101
十一、大中型商场火灾扑救要点 ···· 102
十二、餐饮娱乐场所火灾扑救要点 ·· 102
十三、医院火灾扑救要点 ·········· 104
十四、影剧院火灾扑救要点 ········ 104
十五、图书馆、档案馆火灾扑救要点 ·· 105

第三节 实用火场逃生常识 ············· 106
一、高层建筑起火逃生须知 ········ 106
二、公共场所起火逃生须知 ········ 111
三、平房起火逃生须知 ············ 112
四、办公楼起火逃生须知 ·········· 112
五、楼梯失火逃生须知 ············ 113
六、当楼内房间被火围困逃生须知 ·· 114
七、身上衣服失火逃生须知 ········ 115
八、剧场失火逃生须知 ············ 115
九、山林失火逃生须知 ············ 115
十、火灾逃生："三要""三救""三不" ·· 116

第五章 牢记消防规章制度 遵守消防操作规程 …………119
第一节 牢记消防规章制度 …………………………119
一、消防安全教育、培训制度 ……………………119
二、防火巡查检查制度 ……………………………120
三、火灾隐患整改制度 ……………………………122
四、用火用电安全管理制度 ………………………123
五、电气设备的检查和管理制度 …………………125
六、消防值班制度 …………………………………125
七、专职和志愿消防队的组织管理制度 …………126
八、易燃易爆危险物品和场所防火防爆管理制度 …127
九、灭火和应急疏散预案演练制度 ………………128

第二节 遵守消防操作规程 …………………………129
一、消防安全责任人职责 …………………………129
二、消防安全管理人员职责 ………………………130
三、一般单位消防操作规程 ………………………130
四、灭火和应急疏散预案 …………………………132

第一章

牢记消防基本知识
正确使用消防器材

第一节 消防四个能力的定义与实施

一、消防四个能力的基本定义

"四个能力"是公安部构筑社会消防安全"防火墙"工程提出的,即:

(1)提高社会单位检查消除火灾隐患的能力;

(2)提高社会单位组织扑救初起火灾的能力;

(3)提高社会单位组织人员疏散逃生的能力;

(4)提高社会单位消防宣传教育培训的能力。

二、消防四个能力的实施

1. 检查和消除火灾隐患能力的实施

（1）单位具体实施细则：

▲ 单位应建立防火检查、巡查队伍；

▲ 单位消防安全责任人、消防安全管理人每月至少组织一次防火检查；

▲ 单位实行每日防火巡查，并建立巡查记录；

▲ 部门负责人每周至少开展一次防火记录；

▲ 员工每天班前、班后进行本岗位防火检查。

（2）检查和消除火灾隐患能力的"十查十禁"：

一查设施器材禁损坏挪用；　　二查通道出口禁封闭堵塞；
三查照明指示禁遮挡损坏；　　四查装饰装修禁易燃可燃；
五查电气线路禁私搭乱接；　　六查用电设备禁违章使用；
七查吸烟用火禁擅用明火；　　八查场所人员禁超员脱岗；
九查物品存放禁违规存储；　　十查人员住宿禁三合一体。

2. 扑救初期火灾能力的实施

（1）单位具体实施细则：

▲ 单位应建立两支队伍，即灭火第一战斗力量队伍、灭火第二战斗力量队伍；

▲ 发现火灾后，起火部位员工 1 min 内形成灭火第一战斗力量。

（2）掌握"三原则"：

▲ 距起火点近的员工负责利用灭火器和室内消火栓灭火；

▲ 距电话或火灾报警点近的员工负责报警；

▲ 距安全通道或出口近的员工负责引导人员疏散。

3. 组织引导人员疏散逃生能力的实施

（1）单位具体实施细则：

▲ 熟悉本单位疏散逃生路线；

▲ 熟悉引导人员疏散程序；

▲ 熟悉遇难逃生设施使用方法；

▲ 熟悉火场逃生基本知识。

（2）火场逃生十要诀：

第一诀：熟悉环境牢记出口；

第二诀：保持镇静迅速疏散；

第三诀：正确引导有序疏散；

第四诀：不入险地不恋财物；

第五诀：简易防护蒙鼻匍匐；

第六诀：善用通道莫入电梯；

第七诀：火已及身切勿惊恐；

第八诀：避难场所固守待援；

第九诀：发出信号请求救援；

第十诀：缓降逃生滑绳自救。

4. 消防安全知识宣传教育培训能力的实施

消防安全责任人、消防安全管理人和员工要做到"六掌握"：

▲ 掌握消防法律法规和安全操作规程；
▲ 掌握本单位、岗位火灾危险性和防火措施；
▲ 掌握消防设施器材使用方法；
▲ 掌握报警、灭火及疏散逃生技能；
▲ 掌握安全疏散线路及引导疏散的程序方法；
▲ 掌握灭火应急疏散预案内容及操作程序。

第二节 话说"119消防宣传日"

一、"119消防宣传日"的由来

1992年，公安部将每年的11月9日定为"119消防宣传日"。开展这一活动的目的，是因为冬季是火灾多发季节。为了搞好冬季防火工作，以"119消防宣传日"为契机，拉开冬防序幕，集中一段时间开展内容广泛、形式多样的消防安全宣传活动，以提高全民消防安全意识，推动消防工作社会化的进程。

二、火警电话为何确定为"119"

我国过去的火警电话是"09"，因为在20世纪70年代以前，我国特别通讯是"0"号。70年代后期我国通讯服务号码由"0"改为"11"，根据标准化管理的要求，火警电话号码统一定为"119"，是汉语"要要救"的谐音。另外，每年"119"是我国的消防宣传日，实际上这一天已成为我国的消防节。世界各国的火警号码都不一样,但每个国家都选取了让人们最容易记住的数字来组成火警号码,如美国火警电话是"911"。

三、全国消防力量知多少

我国消防力量主要由公安消防队伍和地方政府专职消防队、企业专职消防队组成,公安消防部队为主体力量。目前,公安消防部队总员额有15万余人,执勤消防车辆近2万辆;政府专职消防队和企业专职消防队共有7 800余个、12万余人,执勤消防车1.2万多辆。此外,中国消防志愿者队伍迅速壮大,已经成为新形势下开展社会化消防宣传教育的一支重要社会力量。目前,全国共组建消防志愿者服务总队400余个,服务大队7 700余个,注册消防志愿者50余万人。

四、我国消防法制建设成就

改革开放30年来，公安消防部门坚持严格、公正、文明执法，在推进消防监督执法规范化建设、落实执法责任制方面取得了长足的发展，为经济建设创造了较好的消防安全环境。目前，我国已初步形成以《消防法》为基本法律，消防规章和技术规范、标准与地方性法规、规章相配套的消防法规体系。1995年，国务院批准发布了全面指导新时期消防工作的《消防改革与发展纲要》，同时要求抓紧起草新的《消防法》。1998年，第九届全国人民代表大会常务委员会第二次会议批准施行《消防法》。2006年，国务院发布《关于进一步加强消防工作的意见》。2008年，第十一届全国人民代表大会常务委员会第五次会议批准修订《消防法》。

五、历年消防宣传日主题

2011年第21届消防宣传日活动主题：全民消防、生命至上；

2010年第20届消防宣传日活动主题：全民关注消防、生命安全至上；

2009年第19届消防宣传日活动主题：科技打造消防、创新促进发展；

2008年第18届消防宣传日活动主题：关注消防、珍爱生命、共享平安；

2007年第17届消防宣传日活动主题：生命至上、平安和谐；

2006年第16届消防宣传日活动主题：关注安全、关爱生命；

2005年第15届消防宣传日活动主题：消除火灾隐患、构建和

第一章 | 牢记消防基本知识　正确使用消防器材

谐社会；

　　2004年第14届消防宣传日活动主题：整改火灾隐患、珍爱生命安全；

　　2003年第13届消防宣传日活动主题：为全面建设小康社会，创造良好的消防安全环境；

　　2002年第12届消防宣传日活动主题：预防火灾是全社会的共同责任；

　　2001年第11届消防宣传日活动主题：关注消防，珍爱家园；

　　2000年第10届消防宣传日活动主题：共筑平安路，迈向新世纪，让家庭远离火灾；

　　1999年第9届消防宣传日活动主题：全面树立以人为本思想，切实加强安全生产教育。

> 安全妙语"谨"上添花：
>
> "119"消防宣传日　　一年一度勤参与
> 源头由来要记清　　防火教育排头兵

第三节　学习消防基础知识

一、燃烧的含义

燃烧是可燃物与氧化剂作用发生的放热反应，通常伴有火焰、发光和（或）发烟现象，称为燃烧。它具有发光、放热、生成新物质三个特征。

二、燃烧要素和燃烧条件

1. 燃烧的三要素

燃烧的三要素是可燃物、氧化剂、引火源。

▲ 可燃物。凡是能与空气中的氧或其他氧化剂起燃烧化学反应的物质称可燃物。

▲ 氧化剂。能帮助和支持可燃物燃烧的物质，即能与可燃物发生氧化反应的物质称为氧化剂。

▲ 引火源。引火源是指供给可燃物与氧或助燃剂发生燃烧反

应的能量来源。

2. 火灾的定义

火灾是指在时间和空间上失去控制的燃烧所造成的灾害。

3. 火灾的分类

火灾分为A、B、C、D、E、F六类。

▲ A类火灾,指固体物质火灾。这种物质往往具有有机物性质,一般在燃烧时能产生灼热的余烬,如木材、棉、毛、麻、纸张火灾等。

▲ B类火灾,指液体火灾和可熔化的固体火灾,如汽油、煤油、原油、甲醇、乙醇、沥青、石蜡火灾等。

▲ C类火灾,指气体火灾,如煤气、天然气、甲烷、乙烷、丙烷、氢气火灾等。

▲ D类火灾,指金属火灾,指钾、钠、镁、钛、锆、锂、铝镁合金火灾等。

▲ E类火灾,指物体带电燃烧的火灾,如发电机、电缆、家用电器火灾等。

▲ F类火灾,指烹饪器具内的烹饪物火灾,如动、植物油脂火灾等。

4. 火灾发展要经历五个阶段

火灾的发展一般都要经历一个火势由小到大、由弱到强、逐步发展的过程。这个过程通常可以分为初起、发展、猛烈、下降、熄灭五个阶段。

5．火灾致人死亡的主要原因

有毒气体中毒、窒息、缺氧，烧伤致死，吸入热气，是火灾致人死亡的主要原因。

三、自燃、自燃点的含义

自燃是物质自发地着火燃烧，通常是由缓慢的氧化作用引起的。

自燃点指物质在没有外部火花或火焰的条件下，能自动引燃和继续燃烧的最低温度。

四、爆炸的含义

爆炸是物质从一种状态迅速转变为另一种状态并在瞬间放出大量能量的现象，包括物理爆炸和化学爆炸两种方式。

1. 常见火灾爆炸的直接原因

▲ 吸烟；
▲ 使用、运输、储存易燃易爆气体、粉尘不当；
▲ 使用明火；
▲ 电气设备使用、安装、管理不当；
▲ 物质自燃；
▲ 雷击；
▲ 压力容器、锅炉等设备及其附件带故障运行或管理不善；
▲ 静电放电。

2. 爆炸极限

当可燃气体、可燃液体的蒸气与空气混合并达到一定浓度时，遇到火源就会发生爆炸。这个遇到火源就发生爆炸的浓度范围，叫做爆炸极限，用其在混合气中所占的体积分数表示，例如，汽油为 1%～6%，柴油为 1.4%～6%，氢气为 4.0%～74.2%，硫化氢为 4.3%～45.5%。

3. 防爆的基本措施

▲ 充入惰性介质，排除容器或设备管道中的可燃物，防止形成爆炸性混合物；
▲ 防止可燃物的泄漏，特别是大量泄漏；
▲ 严格控制系统含氧量；
▲ 采取监测措施，安装报警装置；
▲ 消除火源。

第四节 认知和正确使用消防器材

一、消防设施、器材

▲ 灭火器，分为干粉灭火器、二氧化碳灭火器、家用灭火器、车用灭火器、森林灭火器、不锈钢灭火器、水系灭火器、悬挂灭火器、枪式灭火器等。

▲ 室内消火栓系统，包括室内消火栓、水带、水枪。

▲ 破拆工具类，包括消防斧、切割工具等。

其他还包括火灾自动报警系统、自动喷水灭火系统、防排烟系统、防火分隔系统、消防广播系统、气体灭火系统、应急疏散系统等。

二、认知常用灭火器

1. 常见手提式灭火器

常见的手提式灭火器只有三种，即手提式干粉灭火器、手提式二氧化碳灭火器和手提式卤代烷灭火器，其中卤代烷灭火器由于对环境保护有影响，已不提倡使用。

目前，在宾馆、饭店、影剧院、医院、学校等公众聚集场所使用的多数是磷酸铵盐干粉灭火器（俗称"ABC干粉灭火器"）和二氧化碳灭火器，在加油、加气站等场所使用的是碳酸氢钠干粉灭火器（俗称"BC 干粉灭火器"）和二氧化碳灭火器。

根据二氧化碳既不能燃烧，也不能支持燃烧的性质，人们研制了各种各样的二氧化碳灭火器，有泡沫灭火器、干粉灭火器、液体二氧化碳灭火器和风力灭火器。

正确、合理地选择灭火器是成功扑救初起火灾的关键之一，应根据不同种类火灾选择不同类型的灭火器：

▲ 扑救 A 类火灾应选用水型、泡沫、磷酸铵盐干粉。

▲ 扑救 B 类火灾应选用干粉、泡沫、二氧化碳型灭火器。

这里值得注意的是化学泡沫灭火器不能灭 B 类极性溶剂火灾。因为醇、醛、酮、醚、酯等都属于极性溶剂，化学泡沫与有机溶剂接触，泡沫的水分会被迅速吸收，使泡沫很快消失，这样就不能起到灭火作用。

▲ 扑救 C 类火灾应选用干粉、二氧化碳型灭火器。

▲ 扑救带电火灾应选用磷酸铵盐干粉、二氧化碳型灭火器。

▲ 扑救 A、B、C 类火灾和带电火灾应选用磷酸铵盐干粉灭火器。

▲ 扑救 D 类火灾的灭火器应由设计部门和当地公安消防机构协商解决。对于灭 D 类火灾，即金属燃烧火灾，可采用干沙或铸铁末来代替。

2．灭火器上英文字母的含义

国家标准规定，灭火器型号应以汉语拼音大写字母和阿拉伯数字组成，标于筒体，如"MF2"等。

其中第一个字母 M 代表灭火器。

第二个字母代表灭火剂类型（F是干粉灭火剂、FL是磷铵干粉、T是二氧化碳灭火剂、Y是卤代烷灭火剂、P是泡沫灭火剂、QP是轻水泡沫灭火剂、SQ是清水灭火剂）。

后面的阿拉伯数字代表灭火剂重量或容积，一般单位为千克或升。

3．灭火剂的分类

灭火剂分为水、干粉（BC、ABC）、卤代烷（1211、1301）、二氧化碳、泡沫。

水：90%以上的火灾都可用水去扑救。

干粉：灭固体类火灾；

卤代烷：灭电气类或可燃液体、气体火灾，现已不提倡使用。

二氧化碳：是一种气体，主要作用是窒息灭火，用于扑灭电气类火灾、可燃液体火灾及固体物质火灾。

泡沫：灭金属类火灾。

4．灭火器材的使用禁忌

（1）禁止用水（包括含水的泡沫）灭火的物品：

▲ 遇水燃烧物品火灾，不能用水和含水的泡沫灭火，因为遇水燃烧物品的化学性质活泼，能置换水中的氢，产生可燃气体，同时放出热量。如金属钾、金属钠遇水后，能置换水中的氢，产生的热量达到氢的燃点。其他如三乙基铝、三异丁基铝、铝粉、镁粉等都有类似情况。有的物品遇水后产生可燃的碳氢化合物（气体），同时放出热量引起燃烧、爆炸。如碳化钙遇水产生乙炔气，

三丁基硼遇水产生丁醇。上述物品发生火灾后，主要用干砂土扑救。

▲ 氧化剂中的过氧化物与水反应，能放出氧加速燃烧，如过氧化钠、过氧化钾、过氧化钙、过氧化钡等，起火后不能用水扑救，要用干砂土、干粉扑救。

▲ 硫酸、硝酸等酸类腐蚀物品，遇高压密集水流，会立刻沸腾起来，使酸液四处飞溅。所以，发烟硫酸、氯磺酸、浓硝酸等发生火灾后，宜用雾状水、干砂土、二氧化碳灭火剂扑救。

▲ 有的危险化学品遇水能产生有毒或腐蚀性的气体，如甲基二氯硅烷、三氧甲基硅烷、磷化锌、磷化铝、三氯化磷、氯化硫等遇水后，能和水中的氢生成有毒或有腐蚀性的气体。

▲ 相对密度小于1，且不溶水的易燃液体、有机氧化剂发生火灾，不能用水扑救，因为水会沉在液体下面，可能形成喷溅、漂流而扩大火灾。上述物品的火灾，宜用泡沫、干粉、二氧化碳等扑救。

（2）禁用泡沫灭火的物品。一部分毒害品中的氰化物，如氰化钠、氰化钾等，遇泡沫中酸性物质能生成剧毒气体氰化氢。因此，不能用化学泡沫灭火，可用水及砂土扑救。

（3）禁止使用二氧化碳灭火的物品。遇水燃烧物品中锂、钠、钾、铯、锶、镁、铝粉等，因为它们的金属性质十分活泼，能夺取二氧化碳中的氧，起化学反应而燃烧。这类物品起火后，可用干砂土扑救。

易燃固体中闪光粉、镁粉、铝粉、铝、镍合金氢化催化剂等，也不能用二氧化碳灭火。

另外，要禁止站在下风方向和不佩戴氧气呼吸器或空气呼吸器等防毒面具扑救无机毒品中的氰化物、磷、砷、硒的化合物及大部分有机毒品火灾。

安全妙语"谨"上添花：

认知常用灭火器　　符号字母有含义
扑救类型要区分　　使用禁忌须牢记

三、灭火器的正确使用与维护

1. 灭火器的正确使用

大多数灭火器使用方法相同，将灭火器提到起火地点附近站在火场的上风口，进行以下操作：

▲ 拔下保险销；

▲ 一手握紧喷管；

▲ 另一手捏紧压把；

▲ 喷嘴对准火焰根部扫射。

2. 灭火器的正确维护

灭火器应放置在明显、取用方便的地方，不可放在采暖或加热设备附近和强烈阳光照射的地方，存放温度不超过55℃。

使用单位必须加强对灭火器的日常管理和维护。要建立《灭火器维护管理档案》，登记类型、配置数量、设置部位和维护管理的责任人；明确维护管理责任人的职责。

使用单位应当至少每12个月自行组织或委托维修单位对所有灭火器进行一次功能性检查，主要的检查内容是灭火器筒体是否有锈蚀、变形现象；铭牌是否完整、清晰；喷嘴是否有变形、开裂、损伤；喷射软管是否畅通、是否有变形和损伤；灭火器压力表的外表面是否变形、损伤，指针是否指在绿区；灭火器压把、阀体等金属件是否有严重损伤、变形、锈蚀等影响使用的缺陷；灭火器的橡胶、塑料件是否变形、变色、老化或断裂；在相同批次的灭火器中抽取一具灭火器进行灭火性能测试。灭火器经功能性检查发现存在问题的必须委托有维修资质的维修单位进行维修，更换已损件、筒体进行水压试验，重新充装灭火剂和驱动气体。维修单位必须严格落实灭火器报废制度。

> **安全妙语"谨"上添花：**
>
> 正确使用灭火器　　放置注意勿高温
> 操作步骤要牢记　　日常维护按规定

四、消火栓的正确使用与维护

1. 消火栓的正确使用

消火栓是一种固定消防工具，主要作用是控制可燃物、隔绝助燃物、消除着火源。使用方法如下：

▲ 打开消火栓门，按下内部火警按钮（按钮是报警和启动消防泵的）。

▲ 一人接好枪头和水带奔向起火点。

▲ 另一人接好水带和阀门口。

▲ 逆时针打开阀门，水喷出即可。

注：扑救电气火灾要确定切断电源。

2. 消火栓的正确维护

▲ 消火栓应定期进行油漆防腐，确保醒目。

▲ 定期对消火栓进行排水操作检查，同时确定消火栓是否启闭有效，水压水量是否符合正常范畴。

▲ 消火栓井同其他设施井一样，时常有可能被堆、挡、埋、压，除了要加强巡视以外，还应做好消防法规的宣传和指导。

第一章 | 牢记消防基本知识　正确使用消防器材

▲ 在消防井盖上喷刷黄色或红色油漆予以警示，方便寻找维护，又起到醒目、以利消防部门使用的作用。当然有条件时还应将消防井盖涂刷成荧光、反光标记以便夜晚寻找。

安全妙语"谨"上添花：

固定工具消火栓　　日常维护要防锈
现场扑救作用大　　醒目标识易查找

五、消防水带的正确使用与维护

1. 消防水带的正确使用

消防水带采用高强度合成化纤作织层、橡胶作衬里,在高压作用下使两者紧密结合而成,是消防装备的理想配套产品。也可广泛用于船舶、石化、水利、绿化等领域。其使用方法如下:

▲ 水带连接。消防水带在套上水带接口时,须垫上一层柔软的保护物,然后用镀锌铁丝或喉箍扎紧。

▲ 水带的使用。使用消防水带时,应将耐高压的水带接在离水泵较近的地方,充水后的水带应防止扭转或骤然折弯,同时应防止水带接口碰撞损坏。

▲ 水带铺设。铺设水带时,要避开尖锐物体和各种油类。向高处垂直铺设水带时,要利用水带挂钩。通过交通要道铺设水带时,应垫上水带护桥。通过铁路时,水带应从轨道下面通过,避免水带被车轮碾坏而间断供水。

▲ 防止结冰。严冬季节,在火场上需暂停供水时,为防止水带结冰,水泵需慢速运转,保持较小的出水量。

▲ 水带清洗。水带使用后,要清洗干净,对输送泡沫的水带,必须细致地洗刷,保护胶层。为了清除水带上的油脂,可用温水或肥皂洗刷,对冻结的水带,首先要使之融化,然后清洗晾干,没有晾干的水带不应收卷存放。

2. 消防水带的正确维护

▲ 管理。消防水带要有专人负责管理,防止无故损坏,所有

水带都应按质分类，编号造册，以便掌握水带的使用情况。

▲ 存放。消防水带不能长期放在室外日晒雨淋，不能置于热源附近，防止老化，避免腐蚀性及黏性物质污染，存放地点应有适宜的温度和良好的通风，水带应单层卷起，竖放在水带架或卷盘上，每年要翻动数次和交换折叠几次。随车水带，应避免相互摩擦，必要时要交换折叠。

安全妙语"谨"上添花：

消防水带有妙用　　切勿弯折防碾压
供水迅速好帮手　　维护保养防老化

六、消防水枪的正确使用与维护

1. 消防水枪的正确使用

▲ 操作直流水枪射水时，要注意反作用力的影响，变更射水方向时，尽量缓慢操作。

▲ 使用直流开关枪时，转换开关缓慢进行。

▲ 使用喷雾水枪扑救带电设备火灾时，一定要保证安全距离，电压小于 33 kV 时，安全距离不小于 2 m。

▲ 使用带架水枪时，应将水枪放置稳妥，并按目标位置适当调节射水角度。变换喷头时，须先关水。

▲ 使用雾化水枪时，雾化程度不宜过高，否则，不仅会影响射程，而且在扑救液体和气体火灾时会降低乳化和灭火效果。

▲ 在扑救较大面积的可燃液体火灾的初期，雾化射流将夹带大量气流进入火区而引起扰动，使火场热辐射强度增强，此时应充分考虑消防人员的隔热保护。

▲ 多用水枪不得用于扑救带电火灾，以防止误操作引发直流喷射而危及人身安全。

2．消防水枪的正确维护

消防水枪使用后要将水渍擦净晾干，存放于阴凉处，不要长期置于日晒和高温的环境中，以防橡胶件早期老化。

安全妙语"谨"上添花：

消防水枪压力高　　灭火现场要隔热
注意操作莫伤人　　维护存放阴凉处

第二章

防火措施须紧抓
安全生产有保障

第一节　电气线路防火要领

一、电气线路的火灾危险性

1. 短路

如果裸线相碰，或者是导线的绝缘层损坏，里面的导体露出来彼此相碰，那么，这时候的电流就不再按照规定的线路流动，而是在相碰的地方"走近路"，这就是"短路"，也有叫"捷路""碰线"。

短路一般有相间短路和对地短路两种。相线之间相碰叫相间短路。相线与地线相碰，或相线与接地导体相碰，或相线与大地直接相碰叫做对地短路。

短路常由以下原因形成：

消防安全知识宣传教育手册

▲ 使用绝缘导线、电缆时,没有按具体环境选用,使导线的绝缘受高温、潮湿或腐蚀等作用的影响而失去绝缘能力。

▲ 线路年久失修,绝缘层陈旧老化或受损,使线芯裸露。

▲ 电源过电压,使导线绝缘被击穿。

▲ 用金属线捆扎绝缘导线或把绝缘导线挂在钉子上,日久磨损和生锈腐蚀,使绝缘受到破坏。

▲ 裸导线安装太低,搬运金属物件时不慎碰在电线上;金属构件搭落或小动物跨接在电线上。

▲ 安装、修理人员接错线路,或带电作业时造成人为碰线短路。

▲ 不按规程要求私接乱拉,管理不善,维护不当造成短路。

2. 超负荷

电气线路中允许连续通过而不至于使电线过热的电流量,称为电线的安全载流量或安全电流。如电线中流过的电流量超过了安全电流值，就叫电线超负荷，也叫过负荷。

超负荷常由以下原因造成：

▲ 设计或选择导线截面不当，实际负载超过了导线的安全载流量。

▲ 在线路中接入了过多或功率过大的电气设备，超过了电气线路的负载能力。

3. 接触电阻过大

在电气线路与母线或电源线的连接处、电源线与电气设备连接的地方，由于连接不牢或者其他原因，使接头接触不良，造成局部电阻过大，称为接触电阻过大。

以下原因常会造成接触电阻过大：

▲ 安装质量差，造成导线与导线，导线与电气设备衔接点连接不牢。

▲ 连接点由于热作用或长期震动使接头松动。

▲ 在导线连接处有杂质，如锈蚀、产生氧化层（如铜导线出现"铜绿"）或渗入尘土。

▲ 铜丝和铝线连接的方法不当。

二、电气线路的防火措施

1. 避免短路

▲ 必须严格执行电气装置安装规程和技术管理规程，坚决禁

止非电工人员安装、修理。

▲ 要根据导线使用的具体环境选用不同类型的导线，正确选择配电方式。

▲ 安装线路时，电线之间、电线与建筑构件或树木之间要保持一定距离；在距地面 2 m 高以内的电线，应用钢管或硬质塑料保护，以防绝缘遭受损坏。

2．严禁超负荷

▲ 根据负载情况，选择合适的电线。

▲ 严禁滥用铜丝、铁丝代替熔断器的熔丝。

▲ 不准乱拉电线和接入过多或功率过大的电气设备。

▲ 检查去掉线路上过多的用电设备，或者根据线路负荷的发展及时更换成容量较大的导线，根据生产程序和需要，采取排列先后控制使用的方法，把用电时间调开，以使线路不超过负荷。

3．避免接触电阻过大

▲ 导线与导线、导线与电气设备的连接必须牢固可靠。

▲ 铜、铝线相接，宜采用铜铝过渡接头。也可采用在铜铝接头处垫锡箔，或在铜线接头处搪锡。

▲ 通过较大电流的接头，不允许用本线做接头，应采用油质或氧焊接头，在连接时加弹力片后拧紧。

▲ 要定期检查和检测接头，防止接触电阻增大，对重要的连接接头要加强监视。

安全妙语"谨"上添花：

电气线路易起火　　电流不能超负荷
预防短路很重要　　电阻过大要避免

三、架空线路、屋内布线的火灾危险性

1. 架空线路的火灾危险

▲ 电杆倒折、电线断落或搭在易燃物上，易造成线路的短路，出现电火花、电弧。

▲ 电杆档距过大，线间距过小或布线过松，没有拉紧，在大风和外力作用下，容易碰在一起造成短路，此外，布线时把导线拉得过紧，也易发生导线断裂事故，引起火灾或触电事故。

▲ 架空线路上遭到雷击，会使线路绝缘损坏，并产生短路电弧，从而使线路跳闸，影响电力系统的正常供电。

2．屋内布线的火灾危险

▲ 由于机械损伤，如摩擦、撞击使绝缘层损坏，导致短路等引起火灾。

▲ 线路年久失修，绝缘陈旧老化或受损失，使线芯裸露，导致短路引发火灾。

▲ 使用金属线捆扎绝缘导线，或把绝缘导线挂在钉子上，由于日久磨损和生锈腐蚀使绝缘受到破坏，导致短路引发火灾。

▲ 雷击过电压、线路空载时的电压升高等，也会使导线绝缘薄弱的地方造成绝缘被击穿而发生短路导致火灾。

四、架空线路、屋内布线的防火措施

1．架空线路

▲ 为了防止倒杆断线，对电杆要加强维修，不要在电线杆附近挖土和在电线杆上拴牲畜。

▲ 架空电线穿过通航、河流、公路时，应加装警示，以引起通行车、船注意安全。

▲ 架空线路不应跨越屋顶为燃烧材料做成的建、构筑物。

▲ 架空线与甲类物品库房、可燃易燃液体储罐、助燃气体储罐、易燃材料堆场等的防火间距，应不小于电杆高度的1.5倍；与散发可燃气体的甲类生产厂房的防火间距，应不小于30 m。

▲ 架空线路的边寻线与建筑物之间的距离，寻线与树木之间的垂直、净空距离，架空配电线路的导线与导线之间的距离，必

须符合有关安全规定。

▲ 平时对电气线路附近的树木要及时修剪，以保持足够的安全距离，防止树枝拍打电线而引起事故。

2．屋内布线

▲ 设计安装屋内线路时，要根据使用电气设备的环境特点，正确选择导线类型。

▲ 明敷绝缘导线要防止绝缘受损引起危险，在使用过程中要经常检查、维修。

▲ 布线时，导线与导线之间、导线的固定点之间，要保持合适的距离。

▲ 为防止机械损伤，绝缘导线穿过墙壁或可燃建筑构件时，应穿过砌在墙内的绝缘管，每根管宜只穿一根导线，绝缘管（瓷管）两端的出线口伸出墙面的距离宜不小于 10 mm，这样可以防止导线与墙壁接触，以免墙壁潮湿而产生漏电现象。

▲ 沿烟囱、烟道等发热构件表面敷设导线时，应采用以石棉、玻璃丝、瓷珠、瓷管等作为绝缘的耐热线。

▲ 有条件的单位在设置屋内电气线路时，宜尽量采用难燃电线和金属套管或阻燃塑料套管。

安全妙语"谨"上添花：

架空线路易破损　　屋内布线防老化
环境复杂怕雷击　　定期检查最重要
加强维护与维修　　防止漏电要绝缘
安全距离要留出　　隔热材料选择好

第二节 电气照明防火要领

一、电气照明火灾危险性

（1）照明或装饰灯具在工作时，其玻璃灯泡、灯管等表面温度很高。若灯具选用不当，发生故障产生电火花、电弧或局部高温，都极可能引起灯具附近的可燃物起火燃烧，酿成火灾。

（2）由于照明灯具一般安装在人员生产、居住的场所，装饰灯具一般安装在人员密集的场合，一旦发生火灾除了造成巨大财产损失外，还会造成重大人员伤亡。

（3）白炽灯在工作时，其表面都会发热。且功率越大，连续使用时间越长，温度越高，其表面与可燃物接触或靠近，在散热不良时，累积的热量能烤燃可燃物。另外，白炽灯的灯泡耐震性差、易破碎而使高温灯丝外露，高温的灯泡碎片也易引起火灾。

（4）荧光灯的火险隐患主要在镇流器上。由于制造质量不合格、散热条件不好或额定功率与灯管的不配套等原因，其内部温度会急剧上升，长期高温会破坏线圈的绝缘形成匝间短路产生瞬间巨大热量，引燃周围可燃物。

（5）高压汞灯和钠灯的功率较大，一般在几百瓦以上，照明时灯具的表面温度很高。温升过高是这两种灯具的主要火险隐患。其次，高压汞灯的镇流器和高压钠灯的电子触发器都存在火险隐患。

（6）卤钨灯处于正常工作状态时，石英玻璃管壁温度高达500～800℃，不仅能在短时间内烤燃附着的可燃物，亦可能将一定距离内的可燃物烤燃，其火灾危险性较之其他一般照明电器更大。

（7）特效舞厅灯主要包括蜂巢灯、扫描灯、太阳灯、宇宙灯、双向飞碟灯及本身不发光的雪球灯等。其特点是灯具为装饰和渲染气氛往往带有驱动灯具旋转用的电动机。当旋转阻力增大或传动机构被卡住时，电动机便会迅速发热升温，加之舞台等场所的道具幕景多为可燃物，在电机高温作用下极易起火。

（8）霓虹灯的引发电压在 1 kV 以上，需专门的变压器升压来取得。若变压器高压输出端的绝缘接线柱上积有尘垢，在潮湿天气下可能会发生漏电打火，引发火灾。同时长时间通电亦会因温升过高融化变压器上封灌的沥青而发生意外。

（9）电气照明和装饰过程中，除了各种照明和装饰灯具外，尚需大量的开关、保护器、导线、挂线盒、灯座、灯箱、支架等附件，这些设施如果由于容量选择不当、长期过载运行等原因导致绝缘损坏，短路起火等亦会造成火灾事故。

二、电气照明防火措施

1. 合理选用灯具类型

在有爆炸性混合物或生产中易于产生爆炸介质的场所，应采用整体防爆装置。有腐蚀性气体及特别潮湿的场所，应采用密封型或防潮型灯具，其部件还应进行防腐处理。在灼热多尘的场所（如炼钢、炼铁、轧钢等场所）可采用投光灯。户外照明可采用封闭型灯具或有防火灯座的开启型灯具。

2. 应正确安装照明、装饰灯具

▲ 灯具与可燃物间距不小于 50 cm（卤钨灯为大于 50 cm），与地面高度应不低于 2 m，当低于此高度时，应加装防护设施。灯泡下方不宜堆放可燃物品。

▲ 灯具的防护罩必须完好无损，严禁用纸、布或其他可燃物遮挡灯具。

▲ 可燃吊顶上所有暗装、明装的灯具功率不宜过大，并应以白炽灯或荧光灯为主；暗装灯具及其发热附件的周围应有良好的散热条件。舞台暗装彩灯、舞池脚灯、可燃吊顶内灯具的导线均应穿钢管或阻燃硬塑套管敷设；卤钨灯灯管附近的导线应采用耐热绝缘护套；吊装彩灯的导线穿过龙骨处应有胶圈保护。

▲ 选用质量可靠的低温镇流器，不准将升温高的镇流器直接固定在可燃天花板等物体上，其电容与容量必须与灯管一致。

▲ 0级、10级爆炸危险场所（0级区，是指爆炸性气体，10级区是指爆炸性粉尘），选用开启型灯具做成嵌墙式壁龛时，其检修门应向墙外开启，并保证通风良好；向室内照明的一侧应有双层玻璃严密封闭。其距门、窗框的水平距离不少于3 m，距排风口水平距离不小于5 m。

3. 各类照明供电的附件必须符合电流、电压等级要求

在爆炸危险场所使用的灯具和零件，应符合《爆炸危险场所电气安全规程》规定的要求。

开关应装在相线上，螺口灯座必须接地良好，设施的金属外壳应接地。灯火线不得有接头，在天棚挂线盒内应做保险扣。重量超过1 kg的悬吊灯具应用金属吊链等将其固定，重量超过3 kg时应固定在预埋的吊钩、螺栓或主龙骨上。

在可燃材料装修的场所敷线时，应穿金属套管、阻燃硬塑套管，转弯处应装接线盒，套管超过30 m长时中间应加接拉线盒做好保护。在重要场所安装暗装灯具和安装特制大型吊装灯具时，应在全面安装前做出同类型"试装样板"，经核定无误后再组织专业人员全面安装。

4. 合理控制电气照明

照明电流应分别有各自的分支回路，而不应接在动力总开关之后。各分支回路都要设置短路保护设施。为避免过载发热引起事故，一些重要场所及易燃易爆物品集中地还必须加装过载保护

装置。非防爆型的照明配电箱及控制开关严禁在0级、10级爆炸危险场所使用。配电盘后尽量减少接头，盘面应有良好的接地。

5．严格照明电压等级和负载量

照明电压一般采用220 V，携带式照明灯具的供电电压不应超过36 V，在潮湿地区作业则不应超过12 V，且禁止使用自耦变压器。36 V以下的和220 V以上的电源插座应有明显的差别和标记。

一个分支回路内灯具的个数应不超过20个，民用照明电流应小于15 A，工业用应小于20 A。由负载量确定导线规格（每一插座以2～3 A负载计）。三相四线制照明电路还应做好三相负荷的平衡配置。

6．事故照明灯

在商场、码头、车站、机场、医院、影剧院、控制室及各类大型建筑物和重要工作场所中一般应当安装事故应急照明灯具，以备发生事故正常电力系统无法使用时能及时处理现场、进行救护。

事故照明灯具应设在易发生事故场所，建筑物主要出入口、重要工作场所等地方，并标以明显的颜色标记以备事故发生时能及时方便地启用。事故照明灯具不能采用启动缓慢的类型（如镇流器启动灯具等）。事故照明灯具应有独立的应急电池供电以保证在正常电力系统受到损坏时能不受影响地正常开启使用。

第二章 | 防火措施须紧抓　安全生产有保障

安全妙语"谨"上添花：

照明灯具温度高　　安全护罩装备好
引燃东西出事故　　消防安全有保障

第三节　电动机防火要领

一、电动机火灾危险性

▲ 电动机功率选择过小，就是俗称的"小马拉大车"，可导致电动机烧毁。不根据场所环境条件，错误选择电动机形式，也会造成火灾危险。此外，使用时启动方法不正确，也会引发火灾。

▲ 电动机的负载是有一定限度的，若负载超过电动机的额定功率或者长期电压过低以及电动机单相运行（或称缺相运行）都会造成电动机过热、振动、冒火花、声音异常、同步性差等现象，有时甚至烧毁电动机，引燃周围可燃物。

▲ 电动机长期过载运行或短时间内重复启动，加之散热不良，均会加速绝缘层的老化，降低绝缘强度。其他如制造、修理时不慎，人为破坏绝缘层，过电压或雷击等，都会使绝缘损坏，发生短路起火。

▲ 各线圈接点和电动机接地接触不良，会引起局部升温损坏绝缘，产生火花、电弧甚至短路等引燃可燃物，造成火灾。同时，接地不良的电动机在发生漏电时，人体或其他导体接触带电机壳极易发生触电伤害事故。

▲ 电动机是高速旋转的设备，若润滑不良或结构不精确，如转轴偏斜，在高速旋转中剧烈的机械摩擦可使轴承磨损并产生巨大热量，进一步加剧旋转阻力，轻则使电动机工作失常，重则使电动机转轴被卡，烧毁电动机，引起火灾。

▲ 电动机的铁芯硅钢片质量不合要求，运行时铁损消耗过大，可能造成过载引发火灾事故。

▲ 开启式电动机由于吸入纤维、粉尘，堵塞通风道，造成散热不良，引起火灾。

二、电动机防火措施

▲ 在购置电动机时，要参照其额定功率、工作方式、绝缘温升以及防爆等级等参数，并结合其设置的环境条件和实际工作需

要合理选型，做到既安全又经济。

▲ 电动机应安装在牢固的机座上，周围应留有不小于1 m的空间或通道，附近也不可堆放任何杂物，室内应保持清洁。所配用的导线必须符合安全规定，连接电动机的一段应用金属软管或塑料套管加以保护，并须扎牢、固定。

▲ 电动机在运行中，由于自身或外部的原因均可能出现故障，因此，应根据电动机性能和实际工作需要，设置可靠有效的保护装置。为防止发生短路，可采用各种类型的熔断器作为短路保护；为防止发生过载，可采用热继电器作为过载保护；为防止电动机因漏电而引发事故，可采用良好的接地保护，且接地必须牢固可靠。其他还有温度保护等安全保护设施。

▲ 电动机在运行中正常与否，还可以从电流大小、温度高低及温升大小、声音差异等特征来观察。因此，在分析和判断电动机运行状况时，工作人员应进行必要的监控和维护，包括对电动机的电流、电压、温升情况，特别是容易发热和起火部位进行监控。当发现冒青烟、闻到焦煳味、听到声音异常等现象，以及发生皮带打滑、轴向蹿动冲击、扫膛、转速突然下降等故障时，应立即停机，查明原因，及时修复。

▲ 要经常对电动机进行维修保养，停电时应将电动机的分开关和总开关断开，防止复电时无人在场发生危险；下班或无人工作时，应将电动机的电源插头拔下，确保安全。

第四节 公共场所防火要领

一、公共场所防火常识

商场、宾馆、车站、机场、影剧院、俱乐部、文化宫、游泳场、体育馆、图书馆、展览馆都属公共场所，这些场所一旦发生火灾，伤亡惨重。因此，市民应自觉遵守公共场所的防火规定：

▲ 进入公共场所，自觉配合安全检查；

▲ 不在公共场所内吸烟和使用明火；

▲ 不带烟花爆竹、酒精、汽油等易燃易爆危险物品进入公共场所；

▲ 车辆、物品不紧贴或压占消防设施，不应堵塞消防通道，严禁挪用消防器材，不得损坏消火栓、防火门、火灾报警器、火灾喷淋等设施；

▲ 学会识别安全标志，熟悉安全通道；

▲ 发生火灾时，应服从公共场所管理人员的统一指挥，有序地疏散到安全地带。

二、牢记禁止烟火安全标示出现位置

生活中，我们常常看到"严禁烟火"的标志，实际它是向我们提示：你已进入防火重地或危险地区。这些标志通常出现在以下部位：

第二章 | 防火措施须紧抓　安全生产有保障

▲ 火灾危险性大的部位，如化工厂、油气储罐站、液化气换瓶站、煤气调压站等；

▲ 重要的场所，如发电站、变电站、通讯设备机房、历史文献储藏室等；

▲ 物资集中、发生火灾损失大的地方，如物资仓库、原材料库、存放先进技术设备的实验室等；

▲ 人员集中、发生火灾伤亡大的场所，如商场、影院、舞厅、图书馆、展览馆等。

我们必须做到：

▲ 不在这些场所吸烟和随意使用明火；

▲ 不将无关的易燃易爆物品带入防火重点部位；

▲ 严格遵守各种安全标志、消防标志的要求，遵守各项防火安全制度，服从消防保卫人员的管理；

39

▲ 劝阻违章人员、制止违章行为，维护防火重点部位的消防安全。

安全妙语"谨"上添花：

公共场所人员多　　杜绝易燃危险品
配合安检勿吸烟　　通道位置记清晰

三、烟头极易引起火灾

烟头的温度较高，其表面温度为200～300℃，中心温度可达700～800℃。多数可燃物质的燃点低于烟头的表面温度，如纸张燃点为130℃、麻绒燃点为150℃、布匹燃点为200℃、蜡烛燃点为190℃、漆布燃点为165℃、赛璐珞燃点为100℃、松节油燃点为53℃、樟脑燃点为70℃、橡胶燃点为120℃、黄磷燃点为34℃、麦草燃点为200℃。所以一旦将烟头扔在燃点低于烟头表面温度的可燃物上，极易引起火灾事故。

所以，吸烟时应注意以下事项：

▲ 严禁在禁火区内吸烟。

▲ 禁止在维修汽车和用油品等清洗机器零件时吸烟。

▲ 不要躺在床上、沙发上吸烟；卧床老人和病人吸烟，应有人照顾，并劝其不得在昏迷状态下吸烟。

▲ 吸烟时，如临时有其他事情，应将烟头熄灭后人再离开。

▲ 划过的火柴梗、吸剩下的烟头，一定要弄灭。未熄灭的

第二章 | 防火措施须紧抓　安全生产有保障

火柴梗、烟头要放进烟灰缸，不可用纸卷、火柴盒等充当烟灰缸，不可将火柴梗、烟头扔进废纸篓、垃圾道，更不可随处乱扔。

2011年5月1日起施行的《公共场所卫生管理条例实施细则》规定，室内公共场所禁止吸烟。

安全妙语"谨"上添花：

烟头虽小隐患大　　禁烟场所不吸烟
温度很高燃烧快　　抛弃烟头要熄灭

第二节 家庭防火常识

生活中一些细节稍不留意就容易引发火灾、酿成灾害。对此，防火专家总结了一些防火小常识，并提醒广大职工及家属提高警惕，小心防范。

一、火灾报警具体步骤

▲ 报警时应沉着冷静、吐字清楚；

▲ 讲清起火单位名称和详细地址，以便消防队员能够迅速到达火场；

▲ 讲清起火部位、燃烧物质、有无被困人员、有无爆炸和毒气泄漏、火势大小，以便合理调集消防车辆和人员；

▲ 把报警人的姓名、电话号码等向接警中心讲清以便联系，并说出附近有无明显的标志，然后派人到交叉路口或必经路口迎候消防车。

二、厨房烹饪防火常识

▲ 烹饪时宜着短袖或合适的长袖衣服，避免烟火延烧衣物；

▲ 烹煮食物时，勿任意离开，离开前须将火关闭；

▲ 不要让小孩进入厨房玩耍。

油锅着火，不能泼水灭火，应关闭炉灶燃气阀门，直接盖上锅盖或用湿抹布覆盖，令火窒息，还可向锅内放入切好的蔬菜冷却灭火。

安全妙语"谨"上添花：

火灾报警要冷静　　厨房烹饪要安全
详细述说起火点　　油锅灭火勿用水

三、家用电器火灾预防

1. 家庭用电火灾预防

▲ 湿手不得接触电器和电气装置，否则易触电，电灯开关最好使用拉线开关。

▲ 电源熔丝不可用铜丝代替，因为铜丝熔点高，不易熔断，起不到保护电路的作用，应选用适宜的熔丝。

▲ 灯头应使用螺口式，并加装安全罩。

▲ 电饭煲、电炒锅、电磁炉等可移动的电器，用完后除关掉开关外，还应把插头拔下，以防开关失灵，因为长时间通电会损坏电器，造成火灾。

一般家庭在正常情况下不宜使用电炉，如要用电炉应有专用线路，家用照明电路不可接用电炉。

2. 微波炉使用火灾预防

▲ 忌使用封闭容器。加热液体时应使用广口容器，因为在封闭容器内食物加热产生的热量不容易散发，使容器内压力过高，易引起爆炸事故。即使在煎煮带壳食物时，也要事先用针或

筷子将壳刺破，以免加热后引起爆裂、飞溅弄脏炉壁，或者溅出伤人。

▲ 忌油炸食品。因高温油会发生飞溅导致火灾。如万一不慎引起炉内起火时，切忌开门，而应先关闭电源，待火熄灭后再开门降温。

▲ 忌长时间在微波炉前工作。开启微波炉后，人应远离微波炉或人距离微波炉至少在 1 m 之外。

▲ 带壳的鸡蛋、带密封包装的食品不能直接烹调，以免爆炸。

▲ 炉内应经常保持清洁。在断开电源后，使用湿布与中性洗涤剂擦拭，不要冲洗，勿让水流入炉内电器中。

3．电风扇使用火灾预防

▲ 连续工作时间不宜过长，尽量间隔使用。停止使用时必须拔掉电源插头。

▲ 不得让水或金属物进入电扇内部，以防引起短路起火。

▲ 定期在油孔中加入机油或缝纫机油，保持润滑，避免电动机发热。清除外壳污垢前要切断电源。

▲ 发现耗电量大或外壳温度增高等异常情况，要及时检修。

▲ 出现异常响声、冒烟、有焦味、外壳带电麻手等现象时，应迅速采取断电措施。

4．空调使用火灾预防

▲ 空调开机前，应查看有无螺钉松动、风扇移位及其他异物，及时排除防止意外。

▲ 空调应安装保护装置（如热熔断保护器等），万一发生故障，熔断器会断开切断电源。

▲ 使用空调时，应严格按照空调使用要求操作。

▲ 空调的电度表和导线应留有足够的余量，并选择适当的电源熔丝，一旦过载，能及时切断电源。

▲ 空调必须采用接地或接零保护，热态绝缘电阻不低于 2 MΩ 才能使用，对全封闭压缩机的密封接线座应经过耐压和绝缘试验，防止其引起外溢的冷油起火。

▲ 空调周围不得堆放易燃物品，窗帘不能搭在窗式空调器上。

▲ 空调应当在主人的严密监视下运行，人离去时，应拉闸断电。就是带遥控装置的空调，也不要在长时间无人的情况下使用。

5．电视机使用火灾预防

▲ 电视机要放在通风良好的地方，不要放在柜、厨中，如果要放在柜、厨中，其柜、厨上应多开些孔洞（尤其是电视机散热孔的相应部位），以利于散热。

▲ 电视机不要靠近火炉、暖气管。连续收看时间不宜过长，一般连续收看 4～5 h 后应关机一段时间，高温季节尤其不宜长时间收看。

▲ 电源电压要正常，看完电视后，要切断电源。

▲ 电视机应放在干燥处，在多雨季节，应注意电视机防潮。电视机若长期不用，要每隔一段时间使用几小时。电视机在使用过程中，要防止液体进入电视机。

▲ 室外天线或共用天线要有防雷设施。避雷器要有良好的接地，雷雨天尽量不用室外天线。

▲ 电视机冒烟或发出焦味，要立即关机。若是电视机起火，应先拔下电源插头，切断电源，用干粉灭火器灭火，没有灭火器时，可用棉被、棉毯将电视机盖上，隔绝空气，窒息灭火。切忌不可用水浇，因为电视机此时温度较高，显像管骤然受冷会发生爆炸。

6. 电冰箱使用火灾预防

▲ 电冰箱内部不要存放化学危险品；如果必须存放，则要注意容器要绝对密封，严防其泄漏。

▲ 保证电冰箱后部干燥通风，不要在电冰箱后面塞放可燃物；电冰箱的电源线不要与压缩机、冷凝器接触。

▲ 电冰箱电气控制装备失灵时，要立即停机检查修理。要防止温控电气开关进水受潮。

▲ 电冰箱断电后，至少要过 5 min 才可重新启动。

7. 洗衣机使用火灾预防

▲ 使用洗衣机前要接好电线，预防漏电触电。

▲ 放衣前，应检查衣服口袋里是否有钥匙、小刀、硬币等物品，这些硬东西不要进入洗衣机内。

▲ 每次所洗衣物的量不要超过洗衣机的额定容量，否则，由于负荷过重可能损坏电机。

▲ 严禁把汽油等易燃液体沾过的衣服立即放入洗衣机内洗涤，更不能为去除油污给洗衣机内倒汽油。

▲ 经常检查电源引线的绝缘层是否完好，如果已经磨破、老化或有裂纹，要及时更换。经常检查洗衣机是否漏水，发现漏水应停止使用，尽快修理。洗衣机应放在比较干燥、通风的地方。

▲ 接通电源后，如果电机不转，应立即断电，排除故障后再用。如果定时器、选择开关接触不良，应停止使用。

安全妙语"谨"上添花：

电气起火先断电　　做好绝缘勤通风
定期维修防老化　　不得存放危险品

8. 夏季电器使用防火常识

▲ 对于电视机、空调等电器，夏季使用时间不可持续过长，一般不要超过 10 h，特别是电视机，最好收看 4～5 h 后就停用，并采取散热措施；对于电热水器要经常检查其自动调节装置是否损坏，以免发生过热，引起爆炸或火灾；冰箱也应放在较通风的地方。

▲ 切忌在衣柜里装设电灯烘烤衣物。

▲ 对夏季频繁使用的电器，如电热淋浴器、台扇、洗衣机等，要采取一些实用的措施，防止触电，如经常用电笔测试金属外壳是否带电，加装触电保安器（漏电开关）等。

▲ 夏季雨水多，使用水也多，如不慎家中浸水，首先应切断电源，即把家中的总开关或熔丝拉掉，以防止正在使用的家用电器因浸水、绝缘损坏而发生事故。其次在切断电源后，将可能浸水的家用电器搬移到不易浸水的地方，防止绝缘浸水受潮，影响今后使用。如果电器设备已浸水，绝缘受潮的可能性很大，在再次使用前，应对设备的绝缘使用专用的仪表测试绝缘电阻。如达

消防安全知识宣传教育手册

到规定要求,可以使用,否则,要对绝缘进行干燥处理,直到绝缘良好为止。

▲ 夏季家电频繁使用可能导致熔丝熔断,这是用电过量的原因,这时不可将熔丝愈换愈粗,以免短路时不能及时熔断,引起电线着火。

▲ 闲置的电器或使用完的电器应拔掉电源插头。

> 安全妙语"谨"上添花:
>
> 炎炎夏日气温高　　电器散热很重要
> 用时过长要休息　　闲置电器断电源

9. 家庭装修电气线路火灾预防

在电气装修时,如室内电路布线,开关插座的布置,吊灯、吊扇的安装等不能只贪图方便、追求美观和节省材料,更要从安全的角度去考虑整个工程,避免埋下事故隐患。

▲ 应该请经过考试合格、拥有《电工证》的电工进行电气装修。

▲ 所使用的电气材料必须是合格产品,如电线、开关、插座、漏电开关、灯具等。

▲ 在住宅的进线处,一定要加装带有漏电开关的配电箱。因为有了漏电开关,一旦家中发生漏电现象,如电器外壳带电、人身触电等,漏电开关会跳闸,从而保证人身安全。

▲ 屋内布线时,应将插座回路和照明回路分开布线,插座回路应采用截面不小于 2.5 mm^2 的单股绝缘铜线,照明回路应用

截面不小于 1.5 mm^2 的单股绝缘铜线。一般可使用塑料护套保护电线。

▲ 具体布线时，所采用的塑料护套线或其他绝缘导线不得直接埋设在水泥或石灰粉刷层内。因为直接埋在墙内的导线抽不出、拔不动，一旦某段线路发生损坏需要调换，只能凿开墙面重新布线。而换线时，中间还不能有接头，因为接头直接埋在墙内，随着时间的推移，接头处的绝缘胶布会老化，长期埋在墙内就会造成漏电。另外，大多数家庭的布线不会按图施工，也不会保存准确的布线图纸档案，当在家中墙内的导线损坏，例如，钉子钉穿了导线造成相、中线短路，轻则熔断熔丝，重则短路时产生的电火花灼伤装修人员，甚至引起火灾。如果钉子只钉在相线上，钉子带电，很可能发生触电伤亡事故。所以，电线应该穿管埋设。

▲ 插座安装高度一般距离地面 1.3 m 为宜，最低不应低于 0.15 m。插座接线时，对单相二孔插座，面对插座的左孔接工作零线，右孔接相线；对单相三孔插座，面对插座的左孔接工作零线，右孔接相线，上孔接零干线或接地线。严禁上孔与左孔用导线相连。

▲ 壁式开关安装高度一般距离地面高度不低于 1.3 m，距门框为 0.15～0.2 m。开关的接线应接在被控制的灯具或电器的相线上。

▲ 吊扇安装时，扇叶对地面的高度不应低于 2.5 m。吊灯安装时，灯具重量在 1 kg 以下时，可利用软导线作自身吊装，但在吊线盒及灯头内的软导线必须打结。灯具重量超过 1 kg 时，应采用吊链、吊钩等，螺栓上端应与建筑物的预埋件卸接，导线不应受力。

安全妙语"谨"上添花：

家庭装修防隐患　　产品合格才安全
线路铺设防老化　　插座位置要适当

10．煤气、可燃气使用火灾预防

使用煤气时必须注意，确认无漏气时再开火使用，并注意通风良好。

▲ 钢瓶请注意检验期限，并附有检验合格标志。

▲ 钢瓶应直立，且避免受猛烈震动。

▲ 钢瓶要放置于通风良好且避免日晒的场所。

▲ 不可将钢瓶放倒使用。

▲ 钢瓶上不可放置物品，以免引燃。

▲ 应该由天然气或液化石油气公司指定的专业施工人员对燃气管线进行施工改造。

▲ 应该到指定的或正规的天然气、液化石油气站（商店）购买专用软管和与其匹配的软管卡扣、减压阀等。

▲ 软管与硬管及燃器具的连接处一定要使用专用的卡扣进行固定，不应该随便使用铁丝进行缠绕固定或没有任何的固定措施。

▲ 软管不宜太长，不宜拖地，一般为 1 m 左右，并且整根软管铺设后不能有受挤压的地方。

▲ 定期检查和更换软管，防止软管受到意外挤压、摩擦和热辐射而老化破损。

▲ 严格按有关规定使用液化石油气钢瓶，不得倾倒使用和用

热水浸泡，更不得进行加热，残液不得自行处理。

▲ 尽量不要让老人和小孩更换液化石油气钢瓶。

▲ 使用完后，要随手关闭管道上的截门或钢瓶上的阀门，特别是患有鼻炎等嗅觉不灵敏的居民。长时间不在家时，更要注意关闭总截门或钢瓶阀门。

▲ 如果发现家中的燃气器具有故障，应该及时找厂家进行检修，不能带故障使用。

11．煤气、可燃气泄漏检测常识

▲ 怀疑家中煤气管（管线）有漏气时，不可用火柴或打火机点火测试，应以肥皂泡检查有无泄漏。煤气火焰正常呈淡蓝色，如发现呈红色，即表示不完全燃烧现象，会产生一氧化碳中毒的危险，应立即请煤气专业人员检修、调整炉具。

通过人体感觉器官可以判断是否有燃气泄漏：

嗅觉——家用煤气中掺有臭剂，漏出时会有气味。

视觉——煤气外泄，会造成空气中形成雾状白烟。

听觉——泄漏时会有"嘶嘶"的声音。

触觉——手接近泄漏处，会有凉的感觉。

▲ 当闻到有轻微可燃气异味时，要进行仔细辨别和排除，如果确定是自己家有轻微泄漏的话，首先要立即开窗、开门，形成通风对流，降低泄漏出的可燃气浓度，并关闭各截门和阀门。

▲ 在开窗通风的同时，要保持泄漏区域内电气设备的原有状态，避免开、关电器，以防引起爆炸，如开灯（不论是拉线式还是按钮式）、开排风扇、开抽油烟机和打电话（不论是座机还是手机）等，以免产生电火花和电弧，引燃和引爆可燃气体。

▲ 如果检查发现不是因燃器用具的开关未关闭或软管破损等明显原因造成的可燃气体泄漏，就要立即通知物业部门进行检修。

▲ 如果是刚回家就闻到非常浓的可燃气异味，要迅速大声喊叫，用最快方式通知周围邻居"有可燃气泄漏了"，好让大家注意熄灭明火，避免开、关电器，同时，要离开泄漏区，在可燃气浓度较低的地方迅速打电话给"119"，并说明是哪种可燃气泄漏。燃气罐一旦着火，要用浸湿的被褥、衣物捂盖灭火，并迅速关闭阀门，切忌倒置。

安全妙语"谨"上添花：

燃气钢瓶要合格　　软管常换防泄漏
管道线路勤检查　　味道有异要开窗

12. 家具摆放火灾预防

▲ 有小孩的家庭不宜在孩子活动的场所放置落地灯、落地扇之类的一碰就倒的电器，如果将此类电器放置在沙发后面或孩子不易接触到的地方，则较为安全。

▲ 有沙发、茶几的家庭，一定要准备一个烟灰缸，烟灰缸最好是瓷的或搪瓷的，里面放少许水。普通玻璃的烟缸，在受热时容易碎裂，不宜用于家庭。

▲ 家用电器应当同暖气设备、煤气设备分隔。因为大多数家用电器都是怕热的，高温的环境会使电气线路绝缘层遭到破坏。

▲ 阳台上应尽量少放东西。一方面放置东西超过承重能力，将有倒塌的危险；另一方面在阳台上放置可燃物品，楼上若有人吸烟乱扔烟头，还有引起火灾的危险。

▲ 不要利用酒柜作电视机的支架。因为大多数白酒属于易燃液体，而且酒精易挥发会引起电器故障。

▲ 燃气热水器与淋浴喷头不要放置在同一个房间，否则，因通风不良，燃气热水器将会产生一氧化碳，使人中毒。

▲ 铺设地毯、壁纸最好选用阻燃型的，以增强防火能力，有利于家庭安全。

▲ 楼道、楼梯间应经常保持畅通，不要堆放杂物，尤其不要摆放可燃性物品。

安全妙语"谨"上添花：

家具属于易燃物　　电气设备要远离
地毯壁纸要阻燃　　通道时刻保畅通

第三章

危化事故破坏大 防火防爆措施到

第一节 危险化学品防火要领

一、危险化学品的定义

凡具有爆炸、易燃、毒害、腐蚀、放射性等危险性质,在运输、装卸、生产、使用、储存、保管过程中在一定条件下能引起燃烧、爆炸,导致人身伤亡和财产损失等事故的化学物品,统称为危险化学品。

二、危险化学品的分类

危险化学品一般分为爆炸品、压缩气体和液化气体、易燃液体、易燃固体、自燃物品和遇湿易燃物品、氧化剂和有机过氧化物、毒害品、放射性物品、腐蚀品等。

▲ 爆炸物品。凡是受到摩擦、撞击、震动、高温或其他外界因素的激发，能发生剧烈的化学反应，瞬时产生大量的气体和热量，使周围压力急剧上升，发生爆炸，对周围环境造成破坏，同时伴有光、声、烟雾等效应的物品，均为爆炸物品，包括点火器材、起爆器材、炸药和爆炸性药品与其他爆炸物品四类。

▲ 液化气体，为了便于储运和使用，将气体用加压法、降温法压缩或液化后储存于钢瓶内。在钢瓶中处于气体状态的称为压缩气体，处于液体状态的称为液化气体。根据其性质，可分为易燃气体、不燃气体和有毒气体三类。

▲ 易燃液体。易燃液体是指在常温下极易着火燃烧的液态物质，这类物质大都是有机化合物，其中很多属于石油化工产品。按照我国的规定，凡是闪点等于或低于61℃的都属于易燃液体。液体按闪点的高低分为低、中、高三类。

▲ 易燃固体。凡是燃点较低，在遇明火、受热、撞击、摩擦或与某些物品（如氧化剂）接触后，会引起强烈、迅速燃烧，并可能散发出有毒烟雾或有毒气体的固体物质称为易燃固体。按燃点高低、易燃性大小，可分为一级、二级易燃固体。

▲ 自燃物品。凡是不需要外界明火作用，而是由于物质本身的化学变化（通常是由于缓慢的氧化作用）或受外界温、湿度的影响发热并积热不散，达到其燃点而引起自行燃烧的物品，称为自燃物品。根据自燃的难易程度分为一、二级自燃物品。

▲ 遇湿易燃物品。凡能与水或潮湿空气中的水分发生剧烈化学反应，放出大量易燃气体和热量，使可燃气体温度猛升到该气体的自燃点或遇到明火、火花而引起燃烧或爆炸的物质，称为遇湿易燃物品。按遇湿或受潮后发生反应的剧烈程度及其危害的大

小，可分为一、二级遇湿易燃物品。

▲ 氧化剂。在氧化—还原反应过程中，能获得电子的物质称为氧化剂；失去电子的物质称为还原剂。按氧化性的强度和化学组成分为一级氧化剂、二级氧化剂和有机过氧化物。

▲ 毒害品。凡小量进入人、畜体内或接触皮肤，能与体液和机体组织发生作用，扰乱或破坏正常生理功能，引起机体产生暂时性或持久性的病理状态，甚至危及生命的物品均属毒害品。

▲ 腐蚀品。腐蚀品是化学性质比较活泼，能和很多金属、有机化合物、动植物机体等发生化学反应的物质，其主要品种是酸类和碱类。

安全妙语"谨"上添花：

危化用品种类繁　　防火要求格外高
牢记种类和特性　　正确使用防事故

第二节　危险化学品物品火灾危险性

一、爆炸品的火灾危险性

▲ 爆炸物品都具有化学不稳定性，在一定外因的作用下，能以极快的速度发生猛烈的化学反应，产生的大量气体和热量在短

时间内无法逸散开去，致使周围的温度迅速升高并产生巨大的压力而引起爆炸。

▲ 一般炸药的起爆温度比较低，如雷汞只要温度升高到165℃时就能起爆；黑火药的起爆温度虽较高，为270～300℃，但遇明火极易爆炸。

▲ 有些爆炸品与某些化学药品，如酸、碱、盐发生化学反应，反应的生成物是更容易爆炸的化学品。

▲ 某些炸药与金属反应，生成更易爆炸的物质。特别是一些重金属及其化合物的生成物，其敏感度更高。

二、易燃液体的火灾危险性

▲ 易燃液体的闪点低，燃点也低（约高于闪点1～5℃），接触火源极易着火持续燃烧。

▲ 易燃液体几乎全部是有机化合物，其中所含的碳和氢易与氧反应而燃烧。当易燃液体与氧化剂或有氧化性的酸类（特别是硝酸）接触，能发生剧烈反应而引起燃烧爆炸。

▲ 大多数易燃液体分子量小、沸点低、容易挥发、蒸气压大、液面的蒸气浓度也较大，遇明火或火花极易着火燃烧。且蒸气一般比空气重，易沉积在低洼处或室内，经久不散，更增加了着火的危险性。

▲ 易燃液体着火所需能量小，只要极小能量的火花即可点燃。有些易燃液体在流动、晃动时容易积聚静电，静电放电产生火花则会引起燃烧。

▲ 当盛放易燃液体的容器有某种破损或密封破坏时，扩散出

来的易燃蒸气与空气混合，达到爆炸极限时，遇明火或火花即能引起燃烧爆炸。

▲ 易燃液体的膨胀系数比较大，受热后容易膨胀，造成密封容器"鼓桶"甚至爆裂，爆裂时会产生火花而引起燃烧爆炸。

三、压缩气体和液化气体的火灾危险性

▲ 储于钢瓶内的压缩气体、液化气体或加压溶解的气体受热膨胀，压力升高，能使钢瓶爆炸。

▲ 有些压缩气体和液化气体相互接触后会发生化学反应引起燃烧爆炸。

▲ 油脂等可燃物在高压纯氧的冲击下极易起火燃烧，甚至爆炸。

▲ 压缩气体和液化气体除具有爆炸性外，还具有易燃性、助燃性、毒害性和窒息性，在受热、撞击、震动等外界作用下均易引起燃烧、爆炸或中毒等事故。

四、易燃固体、自燃物品和遇湿易燃物品的火灾危险性

▲ 易燃固体的主要特性是容易被氧化，受热易分解或升华，遇明火常会引起强烈、连续的燃烧。

▲ 易燃固体除火种、热源能引起燃烧外，受摩擦、震动、撞击等也能起火燃烧甚至爆炸。

▲ 有些易燃固体与氧化剂或酸类（特别是氧化性酸）反应剧烈，会发生燃烧爆炸。

五、自燃物品和遇湿易燃物品的火灾危险性

▲ 自燃物品多具有容易氧化、分解的性质，且自燃点较低，当积热使温度达到该物质的自燃点时便会自发地着火燃烧。

▲ 遇湿易燃物品与水或潮湿空气中的水分能发生剧烈的化学反应，放出易燃气体和热量，与酸反应更加剧烈，极易引起燃烧爆炸。

▲ 有些遇湿易燃物品还具有易燃性，必须放置在某种液体中隔绝空气保存（如金属钾、钠等均须浸没在煤油中），它们遇火种、热源也有很大的危险。

六、氧化剂和有机过氧化物的火灾危险性

▲ 氧化剂最突出的性质是遇易燃物品、可燃物品、有机物、还原剂等会发生剧烈化学反应引起燃烧爆炸。

▲ 氧化剂对摩擦、撞击、震动极为敏感，遇高温易分解放出氧和热量，极易引起燃烧爆炸。

▲ 大多数氧化剂，特别是碱性氧化剂，遇酸反应激烈，甚至发生爆炸。

▲ 有些氧化剂遇水分解，有助燃作用，使可燃物燃烧甚至爆炸。

▲ 有些氧化剂与其他氧化剂接触后能发生复分解反应，放出大量热而引起燃烧爆炸。

七、毒害品的火灾危险性

▲ 毒害品的主要特性是具有毒性，在水中的溶解度越大，其毒性也越大。

▲ 有些毒害品不仅有毒性，还有易燃、易爆、腐蚀等危险性。

八、腐蚀品的火灾危险性

▲ 硝酸等腐蚀品除具有酸性外，还具有很强的氧化性能，遇有机物（如松节油）能立即着火燃烧。

▲ 剧毒、腐蚀性极强的溴素，还具有氧化性，不但能灼伤皮肤，还能使干草、木屑等有机物氧化发热而引起燃烧。

▲ 多数腐蚀品有不同程度的毒性，有的还是剧毒品，部分有机腐蚀品遇明火易燃烧。部分无机酸性腐蚀品具有氧化性能，遇有机化合物等易因氧化发热而引起燃烧。

> 安全妙语"谨"上添花：
> 危化用品怕明火　　自燃氧化也可怕
> 易燃液体燃点低　　日常生产要注意

第三节　危险化学品防火措施

一、爆炸物品的防火措施

爆炸品仓库必须选择在人烟稀少的空旷地带，库房应为单层建筑，仓间要阴凉通风，远离火种、热源，温度、湿度要加强控制和调节；堆放各种爆炸物品时，要求做到牢固、稳妥、整齐，防止倒塌，便于搬运，堆垛高度、宽度、长度，垛与垛的间距、墙距、柱距、顶距等均需慎重考虑；爆炸物品储存和运输要专库储存、专人保管、专车运输；加强仓库检查，贯彻"五双管理制度"；装卸和搬运爆炸物品时，必须轻装轻卸，严禁摔、滚、翻、抛以及拖、拉、摩擦、撞击，以防引起爆炸；运输时须经公安机关批准，凭《准运证》方可起运，起运时包装、装车高度、车速等都要符合标准，铁路运输禁止溜放。

二、压缩气体和液化气体的防火措施

仓库应阴凉通风，库内照明应采用防爆照明灯；气瓶入库验收要注意包装外形、附件、封闭，气瓶应直立放置整齐；内容物性质相互抵触的气瓶应分库储存；装卸时必须轻装轻卸，严禁碰撞、抛掷、溜坡或滚动；储运中钢瓶阀门应旋紧，不得泄漏，运输时必须戴好钢瓶上的安全帽；平时在储运气瓶时要注意检查气瓶上的漆色及标志、安全帽等是否符合规定。

三、易燃液体的防火措施

易燃液体应储存于阴凉通风库房,专仓专储,一般不得与其他危险化学品混放;装卸和搬运中要轻拿轻放,严禁滚动、摩擦、拖拉,禁止使用铁制工具及穿带铁钉的鞋;一般不得与其他危险化学品混放,热天最好在早、晚进出库和运输。在运输、泵送、灌装时要有良好的接地装置,防止静电积聚;船运时,配装位置、运输设备应远离热源、火源等部位,装、卸操作要正确,注意防止中毒。

四、易燃固体的防火措施

仓库内阴凉通风,远离火种、热源,不可与其他危险化学品混放;搬运时轻装轻卸,防止拖、拉、摔、撞,保持包装完好,对含有水分或乙醇做稳定剂的硝化棉等,应经常检查包装是否完好,发现损坏要及时修理;在储存中,对不同品种的事故应区别对待,如发现赤磷冒烟,应用黄砂、干粉等扑灭,散装硫黄冒烟,则应及时用水扑救。镁、铝等金属粉末燃烧,只能用干砂、干粉灭火;船运时,配装位置应远离船员室、机舱、电源、火源、热源等部位,通风筒应有防火星的装置。

五、自燃物品、遇湿易燃物品的防火措施

▲ 自燃物品的防火措施。储存处应通风、阴凉、干燥,远离火种、热源,防止阳光直射,专库储存,严禁与其他危险化学品混储混运,应结合自燃物品的不同特性和季节气候,经常检查库内及垛间有无异状及异味,包装有无渗漏、破损;运输时应按各

类品种的性质区别对待，船舶装载时，配装位置、运输设备要远离机舱、热源、火源、电源等部位。

▲ 遇湿易燃物品的防火措施。严禁露天存放，仓间必须干燥，严防漏水或雨雪浸入；库房必须远离火种、热源，远离盐酸、硝酸等散发酸雾的物品；包装必须严密，不得破损，钾、钠等活泼金属须浸没在煤油中保存，电石桶入库时，要检查容器是否完好，对未充氮的铁桶应放气，发现发热或温度较高则更应放气；不得与其他类危险化学品混放，特别是酸类、氧化剂、含水物资。

潮解性物资混储混运，应轻装轻卸，运输用车、船必须干燥，并有良好的防雨设施；此类物品灭火时严禁用水式、酸碱、泡沫灭火剂；活泼金属火灾还不得用二氧化碳灭火。

六、氧化剂和有机过氧化物的防火措施

储存库房内要洁净、阴凉、通风、干燥，不得漏水，并应防止酸雾侵入；远离火种、热源，防止日光曝晒，照明设备要防爆；不同品种的氧化剂，应根据其性质的不同选择适当的库房分类存放以及分类运输，严禁与酸类、易燃物、有机物、还原剂、自燃物品、遇湿易燃物品等混储；入库时要检查氧化剂的品名、数量、包装是否完好、密封；储运过程中，装卸和搬运应轻拿轻放，单独装运；仓库及运输车辆装卸前后，均应彻底清扫、清洗。

七、毒害品的防火措施

毒害品应储存在仓间内，严格按"五双管理制度"执行，远离明火、热源，严禁与食品或食品添加剂、其他种类的物品混储

混运；搬运毒害品应轻装轻卸，禁止肩扛、背负，严禁徒手接触。在搬运过程中，严禁饮食、吸烟，作业后应洗澡、更衣；储存和运输毒害品，应先检查包装容器是否完整、密封，船运时，配装位置应远离机舱、电源、火源等部位，卸货时，船边应挂安全网加帆布，防止货物落水。装运过毒害品的车船必须彻底清洗、消毒；根据毒害品的性质采取不同的消防方法，氰化钠、氰化钾等失火，绝对不可使用酸碱、泡沫、二氧化碳等灭火剂。

八、腐蚀品的防火措施

腐蚀品应根据其不同性质专库储存，储存容器必须按不同的腐蚀性合理使用。只要容器合适，硫酸、硝酸、盐酸及烧碱、纯碱均可储存于一般货棚内。工业用坛装硫酸、盐酸可露天存放，但需防止雨水浸入；在储运中应特别注意防止酸类与氰化物、遇湿易燃物品、氧化剂等混储混运；装卸搬运时，操作人员应穿戴防护用品，作业时轻拿轻放，禁止肩扛、背负、翻滚、碰撞、拖拉，并备有救护物品和药水，如清水、苏打水和稀硼酸水等。

第四节　部分化学品危险性状与预防急救措施

一、一氧化碳

▲ 性状。一氧化碳常温下为无色、无臭、无刺激性气体。燃

烧时呈蓝色火焰。与空气混合极易发生爆炸,如与明火接触很危险,有毒。

▲ 引起中毒途径。引起中毒的主要途径为吸入。

▲ 中毒后的主要症状。急性中毒开始时头重、头痛、眩晕、耳鸣;继而出现恶心、呕吐、心悸、四肢无力。中毒较重者则出现多汗、烦躁、面颊、前胸、大腿内侧出现樱桃红色,出现昏迷,严重者窒息死亡。

低浓度长期接触或者反复发生轻度急性中毒,可引起精神机能的降低,如判断力障碍、手指感觉障碍、记忆力减退、无力等症状。

▲ 预防。制定严格的安全操作规程,加强安全教育。定期检修设备,防止一氧化碳外溢。加强通风,降低空气中一氧化碳浓度。使用安全分析检气管测定一氧化碳浓度,确定有无危险。安装一氧化碳自动报警仪或红外线一氧化碳自动记录仪。必要时使用防毒面具。

▲ 急救。及时将中毒者撤离现场,放置在空气新鲜、流通的地方。对于中毒较重者应及时送往医院抢救。在此过程中如患者出现呼吸衰竭,应及时给予人工呼吸或输氧。

安全妙语"谨"上添花:

一氧化碳易爆燃　　日常操作守规章
中毒引发事故大　　防止泄漏勤检查

二、二氧化硫

▲ 性状。二氧化硫为无色气体，有刺激臭味，不燃烧。

▲ 引起中毒途径。引起中毒的主要途径为吸入、皮肤接触。

▲ 中毒后的主要症状。慢性中毒出现食欲减退、鼻炎、喉炎、气管炎等；轻度中毒出现眼睛及咽喉部的刺激；中度中毒出现声音嘶哑，胸部压迫感及痛感、呕吐、眼结膜炎、支气管炎等；重度中毒出现呼吸困难、知觉障碍、气管炎、肺水肿甚至死亡。

▲ 预防：

（1）定期检查设备、管道，保证密闭，防止出现跑、冒、滴、漏。

（2）合理安排排气、通风设备。

（3）废气应进行处理，防止污染。

（4）必要时使用防毒面具。

▲ 急救。及时将中毒者撤离至空气新鲜处并送医院治疗。对于呼吸困难者应予输氧（但不可进行人工呼吸）。对于有外伤者应及时用 2%～3% 碳酸氢钠溶液冲洗受伤皮肤。

三、硫化氢

▲ 性状。硫化氢为无色气体，有特殊的臭鸡蛋气味，在空气中容易燃烧，火焰呈蓝色。

▲ 引起中毒途径。引起中毒的主要途径为吸入、接触（皮肤吸收）。

▲ 中毒后的主要症状。急性中毒出现意识不清，过度呼吸迅速转向呼吸麻痹，很快死亡；亚急性中毒出现头痛，胸部压迫感、

乏力及眼、耳、鼻、咽黏膜的灼痛，以及呼吸困难、咳嗽、胸痛等症状。慢性中毒一般为眼结膜的损伤，如搔痒、疼痛、异物感及肿胀，或明显炎症、角膜糜烂。

▲ 预防：

（1）加强通风排气，定期检修设备。

（2）生产过程严格密闭，定期检查设备、管道。

（3）废气废液经处理后排放，以免污染。

▲ 急救。及时将中毒者撤至空气新鲜处并送医院抢救，对呼吸困难者应输氧，对黏膜损伤者应及时用生理盐水冲洗患处。

四、硫酸

▲ 性状。纯硫酸为无色、无臭、透明黏稠性的油状液体。工业硫酸一般含有杂质，因而呈黄色甚至棕色。

▲ 引起中毒途径。引起中毒的主要途径为吸入、接触。

▲ 中毒后的主要症状。吸入一定浓度的硫酸蒸气可引起上呼吸道炎症及肺炎、肺水肿等。皮肤接触硫酸后出现局部发红、疼痛、水泡及出血并难以形成痂皮，以至皮肤及皮下组织坏死，呈焦黑状。黏膜接触硫酸后产生强烈的刺激感、疼痛感。牙齿经长期接触硫酸蒸气可出现齿酸蚀症，牙齿表面粗糙，有纵形条纹、牙痛、出血、牙齿变黑。

▲ 预防：

（1）硫酸的生产过程应采用密闭设备，并定期检查，防止泄漏污染环境。

（2）穿用防酸工作服（包括手套、胶鞋、眼镜、口罩等）。

（3）接触浓硫酸应戴防毒面具。

（4）长期接触硫酸蒸气应注意保护牙齿，如涂防护剂或用1%～2%小苏打（碳酸氢钠）溶液漱口。

（5）稀释硫酸时应将浓硫酸缓缓注入水中，并随时搅动。切不可将水倒入浓硫酸中，否则，将引起浓硫酸猛烈飞溅，伤害在场人员。

▲ 急救。出现化学烧伤后立即用大量清水冲洗患处，如用2%碳酸氢钠溶液冲洗更好。如发生误服硫酸事故则应立即用温水、牛乳等以少量多次方法洗胃，并及时送往医院。切忌用碱性溶液洗胃。

五、氨

▲ 性状。氨在通常情况下为无色气体，有强烈的特异刺激性臭气味。

▲ 引起中毒途径。引起中毒的主要途径为吸入、接触。

▲ 中毒后的主要症状。黏膜刺激及损伤、眼睑浮肿、咳嗽、呼吸困难、呕吐、角膜溃疡。

▲ 预防：

（1）采用密闭装置，定期检修，防止漏气。

（2）保证工作环境通风良好。

（3）使用防毒面具或30%硫酸锌溶液浸过的纱布口罩。

▲ 急救：

（1）及时将中毒者撤至空气新鲜、流通的环境，给予输氧并及时送往医院抢救。

（2）用清水冲洗被灼伤的眼、皮肤，必要时送医院治疗。

六、氯气

▲ 性状。氯气为黄绿色气体,有强烈的刺激性、窒息性臭味。

▲ 引起中毒途径。引起中毒的主要途径为吸入、接触。

▲ 中毒后的主要症状。吸入时呼吸道有刺激感并咳嗽,胸部压迫、紧束感、窒息感甚至胸腔疼痛、咯血,严重者出现呼吸困难、心率减缓,出现紫绀甚至死亡。黏膜及皮肤接触有强烈的刺激感,如环境潮湿则因空气中水的存在,有新生态氧生成,并形成盐酸,故可发生严重炎症,损伤机体,可能出现痤疮样皮疹。

▲ 预防:

(1) 生产使用氯气的设备应绝对密闭。

(2) 采取有效措施防止氯气外逸。

(3) 定期检修设备。

(4) 使用充分、有效的排风设备,氯气逸出时可及时排除。

(5) 经常对员工进行安全生产及有关知识的教育。

▲ 急救。及时将中毒者撤至空气新鲜、流通处,必要时给予输氧,并及时送往医院。因考虑肺水肿的可能,故严禁对中毒者施以人工呼吸。对黏膜、皮肤损伤者应及时用大量清水冲洗患处,必要时送医院治疗。

七、苯

▲ 性状。苯为无色透明液体,具有特殊的芳香气味,难溶于水,易挥发,能放出有毒蒸气。

▲ 引起中毒途径。引起中毒的主要途径为吸入、皮肤吸收。

▲ 中毒后的主要症状。急性中毒，多由吸入大量高浓度苯蒸气引起的，轻度中毒症状为眼及黏膜的刺激感、眩晕、头痛、兴奋、恶心、呕吐；重度中毒症状为昏迷、呼吸及心律不规则、血压下降、肺水肿、失去知觉甚至死亡。慢性中毒通常由吸入低浓度苯蒸气引起，症状为眩晕、头痛、乏力、记忆力减退及出血，可能造成严重贫血以至死亡。苯也能经皮肤吸收，并引起炎症。

▲ 预防：

（1）尽量采用密闭式生产设备。

（2）实验室中加热苯应在通风橱中进行。

（3）加强工作场地的通风，合理使用防护用品，必要时使用防毒面具。

（4）严格监测工作环境的苯蒸气浓度，定期体检。

▲ 急救。及时将中毒者撤离高浓度苯环境，移至空气新鲜、流通处，彻底换下被污染的衣服，用温肥皂水清洗中毒患者体表，必要时施以人工呼吸，给予输氧。并应及时送往医院抢救、治疗。

八、二甲苯

▲ 性状。二甲苯为无色透明液体，易挥发，有芳香气味，有毒。

▲ 引起中毒途径。引起中毒的主要途径为吸入、皮肤吸收。

▲ 中毒后的主要症状。二甲苯的毒性基本上和苯相同。其慢性中毒作用比苯弱些。因为工业二甲苯中含有甲苯和苯，而工业苯中含有甲苯和二甲苯，所以，在工业生产中的二甲苯中毒实际是混合中毒，而苯中毒也并非单纯的苯所引起的。因而二甲苯中毒症状和苯中毒症状相同。

▲ 预防：

（1）尽量采用密闭式生产设备。

（2）实验室中加热二甲苯应在通风橱中进行。

（3）加强工作场地的通风，合理使用防护用品，必要时使用防毒面具。

（4）严格监测工作环境的二甲苯蒸气浓度，定期体检。

▲ 急救。及时将中毒者撤离高浓度二甲苯环境，移至空气新鲜、流通处，彻底换下被污染的衣服，用温肥皂水清洗中毒患者体表，必要时施以人工呼吸，给予输氧。并应及时送往医院抢救、治疗。

九、液化气

▲ 危险特性。极易燃，与空气混合能形成爆炸性混合物，遇热源和明火有燃烧爆炸的危险，与氟、氯等接触会发生剧烈的化学反应。其蒸气比空气重，能在较低处扩散到相当远的地方，遇明火会引着回燃。

▲ 接触后表现。本品有麻醉作用，急性中毒时有头晕、头痛、兴奋或嗜睡、恶心、呕吐、脉缓等，重症者可突然倒下、尿失禁、意识丧失甚至呼吸停止，可致皮肤冻伤。长期接触低浓度者，可出现头痛、头晕、睡眠不佳、易疲劳、情绪不稳以及植物神经功能紊乱等。

▲ 现场急救措施。皮肤接触后若有冻伤，就医治疗。吸入时迅速脱离现场至空气新鲜处，保持呼吸道通畅，如呼吸困难，给输氧，如呼吸停止，立即进行人工呼吸，就医。

十、汽油

▲ 危险特性。其蒸气与空气混合能形成爆炸性混合物，遇明火、高热极易燃烧爆炸，与氧化剂能发生强烈反应。其蒸气比空气重，能在较地处扩散到相当远的地方，遇明火会引着回燃。

▲ 接触后表现。急性中毒时对中枢神经系统有麻醉作用。轻度中毒症状有头晕、头痛、恶心、呕吐、步态不稳、共济失调。高浓度吸入出现中毒性脑病。极高浓度吸入引起意识突然丧失、反射性呼吸停止。可伴有中毒性周围神经病及化学性肺炎，部分患者出现中毒性精神病。

液体吸入呼吸道可引起吸入性肺炎，溅入眼内可致角膜溃疡、穿孔甚至失明，皮肤接触致急性接触性皮炎甚至灼伤，吞咽引起急性胃肠炎，重者出现类似急性吸入中毒症状，并可引起肝、肾损害。

慢性中毒时出现神经衰弱综合性植物神经功能紊乱甚至神经病，严重中毒出现中毒性脑病症状，类似精神分裂症。

▲ 现场急救措施。皮肤接触后立即脱去被污染的衣着，用肥皂水和清水冲洗皮肤，就医。

眼睛接触后立即提起眼睑，用大量流动清水或生理盐水彻底冲洗至少 15 min，并就医。

吸入时迅速脱离现场至空气新鲜处，保持呼吸道通畅，如呼吸困难，给输氧。如呼吸停止，立即进行人工呼吸，并就医。

食入后给饮牛奶或用植物油洗胃和灌肠，并就医。

十一、乙醇

▲ 危险特性。乙醇易燃,其蒸气与空气可形成爆炸性混合物。遇明火、高热或与氧化剂接触,有引起燃烧爆炸的危险。与氧化剂接触会猛烈反应。在火场中,受热的容器有爆炸危险,其蒸气比空气重,能在较低处扩散到相当远的地方,遇明火会引着回燃。

▲ 接触后表现。本品为中枢神经抑制剂。首先引起兴奋,随后抑制。急性中毒多发生于口服。一般分为兴奋、催眠、麻醉、窒息四阶段。进入第三、四阶段,出现意识丧失、瞳孔扩大、呼吸不规律、休克、心力衰竭及呼吸停止。长期接触可引起鼻、眼、黏膜刺激症状以及头痛、头晕、疲乏、易激动、恶心等。长期接触可引起多发性神经病、慢性胃炎、脂肪肝、肝硬化、心肌损害及器质性精神病等,皮肤出现干燥、皲裂、皮炎。

▲ 现场急救措施。皮肤接触后应脱去被污染的衣着,用肥皂水和清水冲洗。

眼睛接触后,提起眼睑,用流动清水或生理盐水冲洗,并就医。

吸入时迅速脱离现场至空气新鲜处并就医。

食入后应饮足量温水,催吐,并就医。

十二、氰化钠与氰化钾

▲ 危险特性。氰化钠与氰化钾不燃,与硝酸盐、亚硝酸盐、氯酸盐反应剧烈,有发生爆炸的危险。遇酸会产生剧毒、易燃的氰化氢气体。在潮湿空气或二氧化碳中即缓慢发出微量氰化氢气体。

▲ 接触后表现。该物品抑制呼吸酶,造成细胞内窒息。吸入、口服或经皮吸收均可引起急性中毒。口服 50 ~ 100 mg 即可引起猝死。非猝死者临床分为 4 期:前驱期有黏膜刺激、呼吸加快加深、乏力、头痛,口服有舌尖、口腔发麻等;呼吸困难期有呼吸困难、血压升高、皮肤黏膜呈鲜红色等;惊厥期出现抽搐、昏迷、呼吸衰竭;麻痹期全身肌肉松弛,呼吸心跳停止甚至死亡。

长期接触小量氰化物出现神经衰弱综合征,眼及上呼吸道刺激,可引起皮疹。

▲ 现场急救措施。皮肤接触后应立即脱去被污染的衣着,用流动清水或 5% 硫代硫酸钠溶液彻底冲洗至少 20 min,并就医。

眼睛接触后立即提起眼睑,用大量流动清水或生理盐水彻底冲洗至少 15 min,并就医。

吸入时迅速脱离现场至空气新鲜处,保持呼吸道通畅。如呼吸困难,给输氧。呼吸心跳停止时立即进行人工呼吸(勿用口对口)和胸外心脏按压术,给吸入亚硝酸异戊酯,并就医。

食入时饮足量温水,催吐,用 1∶5 000 高锰酸钾或 5% 硫代硫酸钠溶液洗胃,就医。

十三、丙烯

▲ 危险特性。丙烯易燃,与空气混合能形成爆炸性混合物,遇热源和明火有燃烧爆炸的危险,与二氧化氮、四氧化二氮、氧化二氮等剧烈化合,与其他氧化剂接触剧烈反应。气体比空气重,能在较低处扩散到相当远的地方,遇明火会引着回燃。

▲ 接触后表现。本品为单纯窒息剂及轻度麻醉剂。人吸入丙

烯可引起意识丧失。

长期接触可引起头昏、乏力、全身不适、思维不集中。个别人胃肠道功能发生紊乱。

▲ 现场急救措施。吸入后应迅速脱离现场至空气新鲜处，保持呼吸道通畅。如呼吸困难，给输氧。如呼吸停止，立即进行人工呼吸，并就医。

十四、甲醇

▲ 危险特性。甲醇易燃，其蒸气与空气可形成爆炸性混合物，遇明火、高热能引起燃烧爆炸。与氧化剂接触发生化学反应或引起燃烧。在火场中，受热的容器有爆炸危险。其蒸气比空气重，能在较低处扩散到相当远的地方，遇明火会引着回燃。

▲ 接触后表现。甲醇对中枢神经系统有麻醉作用；对视神经和视网膜有特殊选择作用，可引起病变；可致代谢性酸中毒。短时大量吸入时出现轻度眼及上呼吸道刺激症状，口服有胃肠道刺激症状；经一段时间潜伏期后出现头痛、头晕、乏力、眩晕、酒醉感、意识蒙眬、谵妄甚至昏迷。视神经及视网膜病变，可有视物模糊、复视等，重者失明。代谢性酸中毒时出现二氧化碳结合力下降、呼吸加速等。慢性影响可出现神经衰弱综合征，植物神经功能失调，黏膜刺激，视力减退等；皮肤出现脱脂、皮炎等。

▲ 现场急救措施。皮肤接触后脱去被污染的衣着，用肥皂水和清水彻底冲洗皮肤。

眼睛接触后提起眼睑，用流动清水或生理盐水冲洗，就医。

吸入时迅速脱离现场至空气新鲜处，保持呼吸道通畅，如呼吸困难，给予输氧。如呼吸停止，立即进行人工呼吸，并就医。

食入后饮足量温水，催吐，用清水或1%硫代硫酸钠溶液洗胃，就医。

第四章

掌握火灾扑救技能
熟记火场逃生技巧

第一节 灭火基本常识

一、扑救火灾的一般原则

▲ 报警早，损失少；
▲ 边报警，边扑救；
▲ 先控制，后消灭；
▲ 先救人，后救物；
▲ 防中毒，防窒息；
▲ 听指挥，莫惊慌。

二、发生火灾后报警步骤

▲ 火警电话打通后，应讲清着火单位及所在单位的详细地址；
▲ 要讲清什么物质着火、火势如何；

▲ 要讲清着火建筑结构及起火部位；

▲ 报警人要讲清自己的姓名、工作单位和电话号码；

▲ 报警后要派专人在街道口等候消防车到来，指引消防车去火场的道路，以便迅速、准确地到达起火地点。

三、扑救气体火灾应采取的措施

扑救气体火灾最主要的是首先堵塞气体来源，当易燃气体从设备管线或储罐中逸出着火时，必须首先设法制止气体来源（关闭阀门），并用密集水汽或二氧化碳、氮气喷射，切断火焰喷出的气体，火焰即可扑灭。

在灭火的同时，用水冷却附近的生产装置和建筑物，修补漏气工作应迅速进行，否则，可能二次复燃。如果气压不大，也可使用雾状水、水蒸气和干粉灭火器、石棉被、湿布等灭火。

四、带电灭火时应注意的事项

▲ 防止扑救人员身体触及带电体；

▲ 必须使用不导电的灭火剂；

▲ 高压电气设备带电灭火时，要注意灭火机的机体、喷嘴及人体与带电体保持相当的距离；

▲ 扑救人员应穿绝缘靴，戴绝缘手套。

五、水的灭火作用和适应性

▲ 水有强大的冷却作用，它能使燃烧物温度降低，因为水的

热容量大，蒸发时吸收的热量多；

▲ 水在燃烧物上形成水蒸气带，阻止氧气接近燃烧物；

▲ 水雾能降解某些可燃气体及蒸气，也能湿润和减轻燃烧烟尘，有助于灭火。雾状水可以扑救原油、重油火灾。

但对以下物质禁用水灭火：遇水燃烧爆炸的物质；电气设备开关；不能用水扑救的轻质油品。

六、砂子、泥土的灭火作用

砂子、泥土覆盖于燃烧物上可以隔离空气使火熄灭，对地上的燃烧物质可以通过撒砂子、泥土灭火，对较高空间燃烧的仪器、贵重物品的火灾禁用砂子、泥土灭火，禁止用沙子、泥土扑救镁合金火灾。

安全妙语"谨"上添花：

扑救火灾别慌张　　火起报警要及时
人身安全最重要　　灭火物质区分清

七、初起火灾扑救的要点

1. 消防知识的普及是成功扑灭初起火灾的基本条件

单位、部门以及每个家庭成员应不断提高消防知识的学习训练意识，增强自防自救能力，如参加各类消防培训、参观消防站、订阅消防科普书刊、点击消防网站等。通过形式多样的学习训练，具备一定的灭火知识和技能，是成功扑救初起火灾的基本条件。

2. 及时准确的报警是控制火势蔓延的关键

无论何时何地发生火灾都要立即报警，一方面要向周围人员发出火警信号，如单位失火要向周围人员发出呼救信号，通知单位领导和有关部门等，另一方面要向"119"消防指挥中心报警。不管火势大小，只要发现起火就应向消防指挥中心报警，即使有能力扑灭火灾，一般也应当报警。因为火势发展往往是难以预料的，如扑救方法不当、对起火物质的性质了解不够或灭火器材的效用所限等，都可能控制不了火势而酿成火灾。

3. 疏散与抢救被困人员是火灾初起时的首要任务

火灾发生时，志愿消防队员和其他在场人员必须坚持救人重于救火的原则，尤其是人员集中场所，更要采取稳妥可靠的措施，积极组织人员疏散，要通过喊话引导，稳定被困人员情绪，及时打开疏散通道等方法，积极抢救被烟火围困的人员。只要方法得当，绝大多数火灾现场的被困人员是可以安全疏散或通过自救而脱离险境的。

4. 掌握正确的灭火方法是成功扑灭初起火灾的保证

面对初起火灾，必须掌握正确的灭火方法，科学合理地使用灭火器材和灭火剂。

▲ 冷却灭火法。冷却灭火法是将灭火剂直接喷洒在可燃物上，使可燃物的温度降低到燃点以下，从而使燃烧停止。除用冷却法

直接灭火外，还可用水冷却尚未燃烧的可燃物质，防止其达到燃点而着火；也可用水冷却受火势威胁的生产装置或容器，防止其受热变形或爆炸。

▲ 隔离灭火法。隔离灭火法是将燃烧物与附近可燃物隔离开，从而使燃烧停止。如将火源附近的易燃易爆物品移到安全地点；采取措施阻拦，疏散易燃、可燃液体或可燃气体扩散；拆除与火源相毗邻的易燃建筑物，造成阻止火势蔓延的空间地带等。

▲ 窒息灭火法。窒息灭火法是采取适当的措施，阻止空气进入燃烧区，或用惰性气体稀释空气中的含氧量，使燃烧物质缺乏或断绝氧气而熄灭。

采用湿棉被、湿麻袋、砂土、泡沫等不燃、难燃材料覆盖燃烧物或封闭着火孔洞、桶口等，都是窒息灭火法。另外，居民油锅起火，将锅盖盖上即可灭火。如果液化石油气器具发生火灾，在关闭阀门无效或没有条件关闭阀门断绝气源的情况下，可用浸湿的棉被覆盖燃烧器具使火窒息，灭火以后打开门窗驱散室内气体。

▲ 抑制灭火法。抑制灭火法是将化学灭火剂喷入燃烧区参与燃烧反应，终止链反应而使燃烧停止。采用这种方法可使用的灭火剂有干粉、泡沫和卤代烷灭火剂等。

5. 扑救火灾时要防中毒，防窒息

许多化学物品燃烧时会产生有毒烟雾。一些有毒物品燃烧时，如使用的灭火剂不当也会产生有毒或剧毒气体，扑救人员如不注意很容易发生中毒。大量烟雾或使用二氧化碳等窒息法灭火时火场附近空气中氧含量降低可能引起窒息。因此，在化工企业扑救

火灾时还应特别注意防中毒、防窒息。在扑救有毒物品时要正确选用灭火剂，以避免产生有毒或剧毒气体。扑救时人应尽可能站在上风向，必要时要佩戴防毒面具，以防发生中毒或窒息。

6. 听指挥，莫惊慌

发生火灾时不能随便动用周围的物质进行灭火，因为慌乱中可能会把可燃物质当作灭火材料来使用，反而会造成火势迅速扩大的结果；另外，使用不当也可能会因没有正确使用而白白消耗掉现场灭火器材，变得束手无策，只能待援。因此，发生火灾时一定要保持镇静，迅速采取正确的措施扑灭初起火，这就要求平时加强防火、灭火知识学习，积极参加消防训练，制订周密的灭火计划，才能做到一旦发生火灾时不会惊慌失措。此外，当由于各种因素，发生的火灾在消防队赶到后还未被扑灭时，为了卓有成效地扑救火灾，必须听从火场指挥员的指挥，互相配合，积极主动完成扑救任务。

总之，要按照积极抢救人命、及时控制火势、迅速扑灭火灾的基本要求，及时、正确、有效地扑救火灾。

八、初起火灾的扑灭程序

1. 先控制，后消灭

对于不能立即扑灭的火灾要首先控制火势的蔓延和扩大，然后在此基础上一举扑灭火灾。例如，燃气管道着火后，要迅速关闭阀门，断绝气源，堵塞漏洞，防止气体扩散，同时保护受火威胁的其他设施；当建筑物一端起火向另一端蔓延时，应从中间适当部位控制。

先控制、后消灭在灭火过程中是紧密相连、不能截然分开的。特别是对于扑救初起火灾来说，控制火势发展与消灭火灾二者没有根本的界限，几乎是同时进行的。应该根据火势情况与本身力量灵活运用这一原则。

2．救人重于救火

当火场上有人受到火势围困，首先要做的是把人从火场中救出来，即救人胜于救火。火灾实际操作中，可以根据人员和火势情况，救人和救火同时进行，但决不能因为救火而贻误救人时机。

3. 先重点，后一般

在扑救初起火灾时，要全面了解和分析火场情况，区分重点和一般。很多时候，在火场上重点与一般是相对的，一般来说，要分清以下情况：人重于物；贵重物资重于一般物资；火势蔓延迅猛地带重于火势蔓延缓慢地带；有爆炸、毒害、倒塌危险的方面要重于没有这些危险的方面；火场下风向重于火场上风向；易燃、可燃物集中区域重于这类物品较少的区域；要害部位重于非要害部位。

4. 快速、准确，协调作战

火灾初起越迅速、越准确靠近火点及早灭火，越有利于抢在火灾蔓延、扩大之前控制火势，消灭火灾。

协调作战是指参与扑救火灾的所有组织、个人之间的相互协作，密切配合行动。

九、初起火灾扑救十二要领

▲ 发现火情，沉着镇定。发现起火时，首先要保持沉着冷静，理智分析火情。如果是在火灾的初期阶段，燃烧面积不大，可考虑自行扑灭。如果火情发展较快，要迅速逃离现场，向外界寻求帮助。

▲ 扑灭小火，争分夺秒。当刚发生火灾时，应争分夺秒，奋力将小火控制、扑灭；千万不要惊慌失措地乱叫乱窜，置小火于不顾而酿成大灾。

▲ 小孩老人，逃生要紧。中、小学生身体、心智都没有发育

消防安全知识宣传教育手册

成熟,分析问题和处理问题的能力相对薄弱,自我保护能力不强,在火场上很可能因为对危险情况不能进行正确判断和处理而造成不必要的人身伤亡。所以,我国任何单位和个人都不得组织中、小学生参加灭火。对于孕妇、老年人和有较严重身体缺陷的残疾人,一般也不应该组织他们参加灭火。

▲ 大声呼救,及时报警。"报警早,损失少",一旦发现火情,既要积极扑救,又要及时报警。拨打火警电话时,接通后要首先确认是否是消防队,得到肯定回答后,即可报警。说清起火单位及其街、路、门牌号。要说清起火单位、着火物品和火势大小,是否有人被围困。要讲清报警人的姓名、所用电话的号码。

▲ 生命至上,救人第一。火场上如果有人受到火势的围困,首要的任务就是把受困的人员从火场中抢救出来。救人与救火可同时进行,以救火保证救人的开展。

▲ 家庭火灾巧用工具。家用小型灭火器是扑救家庭火灾的不二之选,此外,也要学会巧用身边的灭火器材。水是家中最简单也是最有效、最方便的灭火剂,但电器、油锅着火,不能用水扑灭。另外,黄砂、用水淋湿的棉被、毛毯、扫帚、拖把、衣服等也可用做扑灭小火的工具。

▲ 灭火器材,分类选择。常用灭火器按内部充装的灭火剂不同可分为清水灭火器、泡沫灭火器、干粉灭火器、二氧化碳灭火器等类型,不同类型的灭火器有其不同的适用场所。

清水灭火器用以扑救木、竹、棉、毛、草、纸等一般固体物质初起火灾,不宜用于油品、电气设备等火灾。泡沫灭火器用来喷射泡沫扑救油类及一般固体物质初起火灾。干粉灭火器是目前使用和配置最多的一种灭火器,可扑救易燃液体、可燃气体、带电设备等的初起火灾。

二氧化碳灭火器适用于扑救电器火灾、可燃液体火灾、贵重设备、图书资料、仪器仪表等场所的初期火灾。

▲ 煤气泄漏，小心谨慎。万一家中发现了燃气泄漏，务必保持镇定，千万不要触动家中任何电器开关，更不能用打火机、火柴、手电筒照明检查，也不能在家中打电话报警。首先应迅速关闭气源，然后打开窗门，让自然风吹散泄漏气体，如需打电话报警，应到远离现场的地方进行。

▲ 油锅起火，方法多多。油锅起火时千万不要用水往锅里浇，因为冷水遇到高温油会形成"炸锅"，使油火到处飞溅。

有多种方法可以有效扑灭油锅火灾：

（1）用锅盖盖住起火的油锅，使燃烧的油火接触不到空气，油锅里的火便会因缺氧而熄灭。

（2）用手边的大块湿抹布覆盖住起火的油锅，也能与锅盖起到异曲同工的效果，只是要注意到覆盖时不能留下空隙。

（3）如果厨房里有切好的蔬菜或其他生冷食物，可沿着锅的边缘倒入锅内，利用蔬菜、食物与着火油的温度差，使锅里燃烧着的油温度迅速下降。当油达不到燃点时。火就自动熄灭了。

▲ 电气火灾，断电第一。一般电气线路、电气设备的火灾，首先必须要切断电源，然后才考虑扑救措施。只有当确定电路或电器无电时，才可用水扑救。在没有采取断电措施前，千万不能用水、泡沫灭火剂进行灭火，因为水是导电的导体，着火电器上的电流可以通过水、泡沫等导体电击救火的人。对于电视机、微波炉等电器火灾，在断电后，用棉被、毛毯等覆盖，防止电器着火后爆炸伤人，再把水浇在棉被、毛毯上，才能彻底进行灭火。

▲ 房间着火,门窗慎开。如果封闭的房间里着火,看到浓烟和火焰时,应立即盛水浇灭火焰,不要打开门窗。因为门窗一开,房间里的空气就会与室外的空气形成对流,这就等于给房间里的大火添加助燃剂,会助长火势蔓延。

▲ 火势凶猛,撤退求援。如果火势越烧越大,参加灭火的人员应迅速撤离火场,等待公安消防队前来救援。

安全妙语"谨"上添花:

初起火灾别慌乱　　如可控制先扑灭
沉着应对巧判断　　灭火工具正确选
火势发展要报警　　地点火情要讲清
如有危险要逃生　　安全常识熟记心

第二节　常用设施、设备火灾扑救

一、常见化学危险品火灾扑救要点

在形形色色的火灾中,化学危险品的火灾灾情严重,往往难以扑救,对所采取的消防措施有诸多特殊要求。由于各类化学危险品燃烧特点及燃烧产物不同,消防措施也有所不同。

▲ 易燃固体中,燃点越低、分散程度越大的易燃固体危险性越大,尤其是粉末状的可燃物与空气中的氧混合达到一定比例遇明火会产生爆炸。

易燃固体如燃烧迅猛，存放时应注意库房存放量不宜过多，且与相邻库房应有一定的安全距离。存有酸性物质的库房不允许混存碱性物质，发生火灾时可用雾状水、砂土、CO_2、干粉灭火剂扑救。

▲ 易燃液体品种繁多，有化工原料、燃油、有机溶剂、涂料、粘合剂等。易燃液体一般都比重小、沸点低、易挥发、易流动扩散，易燃液体挥发出的蒸气与空气中的氧混合达到一定比例遇到明火会产生爆炸。

易燃液体火灾发展迅猛，常伴有爆炸，难扑救。扑救时，应掌握如下规则：

对比水轻又不溶于水的烃基化合物，如燃油、醚类、苯和苯系物火灾可用干粉灭火剂，火灾初期可用二氧化碳灭火剂扑救，但决不能用水，否则会扩大火灾。

对不溶于水且比重大于水的，如 CS_2 等可以用水扑救，因水能覆盖其上,使之熄灭。

能溶于水的易燃液体,如甲醇、丙酮系列物质发生火灾时,可用雾状水、化学泡沫、干粉灭火剂。

▲ 自燃物品性质活泼、燃点低,氧化分解时能放出大量的热,当热量达到自身燃点时即自行燃烧。如白磷燃点为34℃,在空气中极易自燃,硝化纤维素的燃点为120~160℃,在存放过久、通风不好、大量堆积难以散热的情况下,会导致自燃。商业仓库曾多次发生过堆积乒乓球自燃的现象,就是这个原因。

自燃物品起火时,除三乙基铝不能用水扑救外,其余的可以用大量水来扑救,也可用砂土、二氧化碳和干粉灭火剂来灭火。

▲ 遇水燃烧品除了遇水作用外,遇酸和氧化剂时也会发生剧烈反应,其危险性更大。

遇水燃烧物品遇水会发生燃烧乃至爆炸，所以扑救这类火灾绝对禁止用水和含水的泡沫灭火剂，可用干砂、干粉、石粉等灭火。

▲ 氧化剂的特点是具有强氧化性和不稳定性。当其与还原剂和一些有机物接触时，立即发生反应引起燃烧。我们日常所用的火柴头在火柴盒外摩擦时即行燃烧，原因就是火柴头上主要成分是赤磷，火柴盒外侧涂有一层氧化剂氯酸钾，经摩擦后，氯酸钾将赤磷氧化发生燃烧。许多氧化剂极不稳定，经摩擦、震动、碰撞就会产生分解放出大量的氧和热量，若接触易燃物就会燃烧乃至爆炸。扑救这类火灾禁止用水、泡沫灭火剂，可用干砂、干土、干粉等去扑救。

▲ 所有液化气体均装入特制的高压气瓶中，一般气瓶工作压力达 150 kg/cm^2，所以发生火灾后瓶内气体受热气化压力增大，若超出气瓶所能承受压力就会爆炸。

液化气瓶发生火灾时，要及时将未着火的气瓶移至安全地带，无法移动时，可用雾状水喷洒气瓶降温，以防止内装气体受热温度升高膨胀发生爆炸。同时要用 CO_2 等来灭火。消防人员扑救这类火灾时还须注意防毒，因为许多气瓶内装有有毒气体。

二、机动车辆火灾扑救要点

炎炎夏日，机动车辆长时间超负荷运转，发动机油污严重，加上夏日气温升高、天气酷热、通风设备不好等原因，自燃频繁发生。因此，要注意车辆的正常保养和维修，配备专用车辆灭火器，

第四章 | 掌握火灾扑救技能 熟记火场逃生技巧

不要在仪表盘上放气体打火机、空气清新剂、灭蚊剂等受热膨胀后容易爆炸引起火灾的物品。机动车辆发生火灾，特别是初起火灾，如果能够采取正确方法和措施及时扑救则能大大减少火灾的损失。车辆一旦起火，千万不要慌张，要沉着冷静，根据现场情况采取相应灭火对策，尽快将火灾扑灭。具体应注意以下几个方面：

▲ 车辆行驶中着火，应立即停车，切断电源，使用自备灭火器扑救。

▲ 如果是发动机着火，一般不要急于打开发动机的机盖，因为在机盖未打开之前燃烧仍被控制在机盖之下，不易形成热对流，燃烧较缓慢，火势一般不会太猛烈，对扑救有利。此时可用灭火器由机盖缝隙处对准着火部位喷射灭火。如果机盖一旦打开，燃烧会变得非常猛烈，增加扑救难度（特别是自身无灭火器的情况下更不要贸然打开机盖）。如果必须打开机盖（如机盖缝隙过小，灭火剂无法喷入），应戴上厚手套，站在上风处，并在打开机盖时将面部偏向一侧，以防蹿出的火焰烧伤面部。

▲ 车辆加油时油箱着火，应立即停止加油，迅速将车开（推）离加油站扑救。如果现场无灭火器，可用湿衣服、砂土灭火。

▲ 在液化气站、加油站等易燃、易爆场所，不要使用手机等通讯工具，因为接通时手机信号会干扰加油机导致计量不准，更严重的是手机信号同电控输油设备共振感应、电子摩擦，产生静电打出的火花容易引爆挥发油气气体。

▲ 加油站在给汽车加油时，有的驾驶员常多准备一个塑料桶来盛装汽油，这样做非常危险，坚决禁止。因为塑料桶绝缘，和汽油摩擦很容易产生静电，会产生电火花导致起火。

三、液化石油气火灾扑救要点

1. 灾害特性

▲ 燃烧速度快，火焰温度高，辐射热强；

▲ 易发生复燃或爆炸；

▲ 气体密度大，易向低洼处聚集和扩散，遇到火源形成二次灾害。

2. 处置措施

▲ 坚持"控制燃烧、防止爆炸、适时灭火"的原则处置；

▲ 开启固定喷淋装置和设置移动水炮、水枪对储罐实施冷却；

▲ 对相邻受威胁的储罐设置分割水幕，降低受辐射热威胁的强度；

▲ 在堵漏准备充分后，可迅速用干粉灭火，并堵漏；

▲ 条件允许时，可实施关阀断料等工艺措施灭火；

▲ 灭火后要继续冷却降温，防止复燃；

▲ 及时疏散群众，消除火种，划定危险区域，切断电源，杜绝明火、电火、静电、撞击摩擦火花的产生。

四、高层建筑火灾扑救要点

1. 灾害特性

▲ 烟、火通过竖向管井、共享空间、玻璃幕墙缝隙等部位迅速蔓延，极易形成立体火灾；

▲ 人员密集、惊慌、拥挤，烟气浓、能见度低，疏散通道少，易造成踩踏、窒息、中毒，甚至跳楼；

▲ 受高温火焰作用，易造成玻璃幕墙碎裂下落，影响战斗行动，破坏水带甚至造成救援人员伤亡。

2．处置措施

▲ 坚持"以固定灭火设施为主，固定灭火设施与移动消防装备相结合"的原则处置；

▲ 迅速通过消防控制室掌握火灾信息，利用事故广播引导疏散；

▲ 组织攻坚力量，深入各层抢救被困人员；

▲ 使用建筑内部的消防供水系统和采取起火层进攻、上层堵截、下层设防、外部举高车辆配合的灭火方法消灭火灾；

▲ 适时组织人员利用机械或人工通风排烟的方法排烟放热。

五、地下建筑火灾扑救要点

1．灾害特性

▲ 烟雾浓，出入口少，聚集不散；

▲ 起火点隐蔽，能见度低；

▲ 大量被困人员易惊慌，拥挤，过分集中在出、入口处，易造成人员伤亡；

▲ 进攻的通道少，灭火救援难度大。

2．处置措施

▲ "充分利用内部固定设施，坚持自救与外援相结合"的原则处置；

▲ 迅速调用图纸资料，确定人员被困和火灾地点，组织救人

与灭火；

▲ 采取以固为主、上风进入、顺风推进、多点内攻、区域窒息的战术措施；

▲ 用上风出、入口送风，下风出、入口排风的方法，排烟排热。

六、油罐火灾扑救要点

1. 灾害特性

▲ 爆炸会引起着火，同时着火也会引起爆炸；

▲ 火焰温度高，辐射热强；

▲ 易发生沸溢或喷溅，引起连锁反应，造成人员伤亡；

▲ 易形成大面积火灾。

2. 处置措施

▲ 坚持冷却保护，防止爆炸，充分利用固定、半固定灭火设施实施灭火；

▲ 按照一冷却，二准备，三灭火的作战顺序，实施灭火行动；

▲ 迅速启动喷淋系统、固定和半固定的泡沫灭火系统，设置移动水炮，强行冷却，控制险情、防止爆炸；

▲ 对地面大面积流淌火，采取围堵防流，分片消灭的措施，用泡沫或干粉消灭；

▲ 对油罐形成的火炬型燃烧，可用湿（石）棉被、毛毡等覆盖，窒息灭火；

▲ 对灭火装置好用和损坏的罐（池），可启用灭火装置或利

用泡沫枪、炮、钩管、高喷车喷射泡沫灭火。

七、燃气火灾扑救要点

1. 灾害特性

▲ 燃烧速度快、热值大、辐射热强；
▲ 与空气混合达到爆炸浓度，遇火源发生爆炸；
▲ 复燃的危险性大；
▲ 在爆炸和着火时，易造成人员伤亡。

2. 处置对策

▲ 坚持"控制燃烧，防止爆炸，适时灭火"的原则处置；
▲ 管道漏气发生火灾，应当迅速通知燃气公司关闭漏气区域的阀门，并用喷雾水枪驱散泄漏区域的燃气，降低燃气发生爆炸的危险；
▲ 利用固定灭火设施或移动水枪（炮）、车载炮冷却储罐、管线，并消灭周围的可燃物的明火，为堵漏创造条件；
▲ 做好堵漏准备后，可用干粉一举扑灭，并迅速完成堵漏任务。

八、油漆、溶剂厂火灾扑救要点

1. 灾害特点

▲ 物料闪点低，极易引起燃烧或爆炸；

▲ 物料溢流引起燃烧、爆炸，容易瞬间形成大面积燃烧；

▲ 物料起火由顶层流至下层，容易形成立体火灾。

2. 处置措施

▲ 了解着火部位、被困人员情况，易燃、易爆及贵重物品受火势威胁情况，火势蔓延的方向及建筑物有无倒塌危险；

▲ 充分利用固定灭火设施和移动装备冷却生产装置，消除爆炸危险，控制火势蔓延；

▲ 组织精干力量疏散和抢救被困人员；

▲ 对油漆、溶剂厂火灾，要正确使用堵截包围、上下合击、分层消灭的灭火措施；

▲ 跑、冒、滴、漏造成的火灾，应采用工艺处理和疏散相结合的办法。

九、木材加工厂火灾扑救对策

1. 灾害特点

▲ 火灾荷载大；

▲ 结构易倒塌；

▲ 易形成大面积火灾；

▲ 易出现新的火场；

▲ 易发生阴燃和复燃；

▲ 有粉尘爆炸危险。

2．处置措施

▲ 迅速查清有无人员被困和倒塌、爆炸危险以及周围的水源道路等情况；

▲ 对大面积火灾，应使用大口径水枪、移动水炮压制打击火势，必要时在车间内设置自摆炮阻止火势发展；火势猛、飞火多时，应设置第二道防线堵截；

▲ 对木材堆垛和重要设备可采取灭、疏结合的措施加快灭火进程；

▲ 对干燥间、木屑除尘室等部门，可采用封闭出、入口或注入蒸汽的方法灭火；

▲ 油漆车间着火，可喷射泡沫灭火，辅以水枪配合。

十、钢结构建筑火灾扑救要点

1. 灾害特点

▲ 空间大、空气充足，火势发展蔓延快；

▲ 密闭性钢结构，浓烟、高温易积聚；

▲ 火势猛烈钢构件易变形，导致建筑物倒塌；

▲ 障碍物多，灭火人员难以深入；

▲ 钢构件密度较大的建筑，电磁屏蔽影响大，现场通信组织难度大。

2. 处置措施

▲ 按照积极抢救人员、冷却防止倒塌的基本要求处置；

▲ 了解起火部位、被困人员、有无爆炸倒塌等危险情况；

▲ 在确定建筑物无倒塌可能时，要尽快深入内部强行救人和消灭火灾，冷却周围钢构件；

▲ 要加强冷却保护，尽量使用大口径水枪或水炮冷却承重钢构件，防止建筑结构坍塌；

▲ 要合理破拆，充分利用自然、机械排烟手段实施排烟散热，降低烟、热强度；

▲ 坚持固、移结合，合理组织供水，满足灭火所需水量和水压。

十一、大中型商场火灾扑救要点

1. 灾害特性

▲ 易燃、可燃商品多，燃烧速度快、烟雾浓；
▲ 火势会通过共享空间、楼梯间迅速向上发展蔓延；
▲ 大量人员聚集，易造成人员伤亡；
▲ 扑救的时间长，需要灭火力量多，扑救难度大。

2. 处置措施

▲ 坚持"救人第一"的指导思想，加强第一出动，积极抢救被困人员，疏散和保护贵重商品，保证火场供水不间断，迅速消灭火灾；
▲ 要迅速开辟内、外救生通道，全力救人控火；
▲ 火势较大，要集中力量重点保护商场其中的一层或共享空间的一侧，然后向前推进，不断扩大战果；
▲ 适时实施排烟排热，为灭火救人创造条件。

十二、餐饮娱乐场所火灾扑救要点

1. 灾害特性

▲ 装修豪华，可燃材料多，火势蔓延速度快；
▲ 烟雾浓，装修材料能产生大量的毒害性气体，易造成人员

窒息、中毒；

▲ 有醉酒、情绪亢奋人员，自控能力差，增加救助难度。

2．处置对策

▲ 加强第一出动力量，坚持"救人第一"的指导思想，快速处置；

▲ 快速查明人员被困数量、地点及内部格局和火势情况；

▲ 迅速采取梯次保护、掩护救人的措施，打开救生通道，逐间搜救、疏导和救助醉酒、情绪亢奋人员；

▲ 迅速破拆外窗、门等，加快排烟排热。

十三、医院火灾扑救要点

1. 灾害特点

▲ 疏散任务重，扑救难度大；

▲ 烟雾四处流窜，连通式建筑着火后，烟雾大量沿走廊四处流蹿，极易造成人员伤亡；

▲ 燃烧物质多，烟雾扩散速度快。

2. 处置措施

▲ 加强第一出动力量，坚持"救人第一"的指导思想；

▲ 确定起火部位、火灾蔓延方向、途径及人员被困情况；

▲ 组织救人小组突出重点疏散和抢救被困伤病人员；

▲ 采取自然排烟（开启门窗）、机械排烟（开启排烟机）和破拆排烟等方法，排除高温浓烟；

▲ 利用固定灭火设施和移动装备，采取上堵下截、内外夹击、逐片消灭的措施消灭火灾。

十四、影剧院火灾扑救要点

1. 灾害特点

▲ 建筑高、空间大，电气设备多，易造成火势燃烧猛烈，蔓延迅速；

▲ 建筑跨度大，一般采用钢架结构，易造成倒塌；

▲ 建筑内部前后连通，易造成一处着火，多处流蹿；

▲ 营业时聚集人员多，易造成大量人员伤亡。

2. 处置措施

▲ 加强第一出动，坚持"救人第一"的指导思想；及时控制火势，迅速消灭火灾；

▲ 仔细侦查被困人员、防火分隔、固定灭火设施、电气设备、舞台排烟孔、空调设施等情况；

▲ 在确保人员疏散的前提下，安排灭火力量控制火势蔓延，防止建筑发生倒塌；

▲ 充分采用快攻、近战的战术措施，当舞台着火时，使用大口径水枪或移动炮堵截火势由舞台向观众厅蔓延，当观众厅着火时，从闷顶两侧和场内承重墙适当位置部署水枪和水炮堵截火势向舞台和放映厅蔓延。

十五、图书馆、档案馆火灾扑救要点

1. 灾害特点

▲ 火势发展呈现复杂性，烟气和高温极易沿走廊、楼道、门窗、电梯井、楼梯等处向水平和上层蔓延；

▲ 建筑结构易倒塌，燃烧猛烈阶段各种承重构件强度减弱，易发生坍塌；

▲ 消防难度大，灭火困难，阅览室读者多，人员疏散困难，易出现拥挤伤人事故。

2．处置措施

▲ 加强第一出动力量，有针对性地调动固定、二氧化碳、干粉等消防器材；

▲ 充分利用消防控制中心、询问知情人等方法，了解掌握起火部位、人员被困地点、火灾蔓延方向、重要的图书、档案、资料受威胁程度等情况；

▲ 组织灭火力量深入内部疏散人员和贵重物资；

▲ 利用建筑内部固定灭火设施和移动装备堵截火势向储存重要图书、档案、资料的特藏库蔓延；

▲ 书库（档案库）初起火灾，采用粉状和气态灭火剂灭火；

▲ 书库（档案库）发展阶段火灾，应以喷雾水流灭火为主，粉状和气态灭火剂配合；

▲ 书库（档案库）猛烈阶段火灾，应从门、窗同步进攻，用直流水压制大火，然后及时改换喷雾水流消灭残火。

第三节　实用火场逃生常识

一、高层建筑起火逃生须知

1．高层建筑火灾特点

▲ 热气流升腾快。因起火房间可燃物多，在密闭型的建筑内温度升高很快，烟气、高温热气流通过各种途径向室外扩散，首

先是向上升腾。

▲ 内外蔓延，容易形成立体火灾。房间起火后，烟火首先冲向房顶然后向水平方向扩散，当烟雾越来越多时，开始下沉向起火楼层的四周蔓延。

▲ 容易造成人员伤亡。一旦房间起火，有毒烟气迅速充满走廊，人们很快受到烟气的袭击，加之高层建筑疏散的距离远，疏散所需要的时间长，人员疏散时容易出现拥挤甚至出现阻塞，造成人员疏散速度减慢。因此，高层建筑起火时，人员中毒、窒息死亡或被火烧死的事件屡屡发生。

2. 高层建筑火灾逃生

▲ 预先熟悉逃生路线。按照目前相关消防建筑规定，高楼里面每层都必须在显著的位置上设置逃生通道的示意图（很多高楼的电梯内也都有），所以如果你进入高楼，可以花上 1~2 min 的时间注意一下逃生通道的位置。

▲ 在火灾中，被困人员应有良好的心理素质，保持镇静，不要惊慌，不盲目地行动，选择正确的逃生方法。这样你才有清晰的思路去逃生。如果心里慌张，你会把有限的时间浪费在无方向的逃跑中。

▲ 当某一楼层某一部位起火且火势已经开始发展时，应注意听广播通知，广播会告诉着火的楼层，以及安全疏散的路线、方法等。不要一听有火警就惊慌失措、盲目行动。

▲ 如果是晚上听到报警，首先应该摸摸门锁，若门锁温度不高，火势可能还不大，则第一时间离开房间。因为房间通常都比较封闭，一旦烟气侵入，在里面的人就会窒息。离开房间以后，

一定要随手关好身后的门,以防火势蔓延。若门锁温度很高,则说明大火或烟雾已封锁房门出口,此时切不可打开房门,否则,烟和火就会冲进房内。应关闭房内所有门窗,用毛巾、被子等堵塞门缝,并泼水降温,等待救援;同时向救援人员发出求救信号,如呼唤、向楼下抛掷一些小物品、寻找色彩亮丽的衣服或者布条从窗户里向外大幅度晃动、用手电筒往下照等,以便让救援人员及时发现。

▲ 根据你所处的位置,以及着火点的位置,来判断如何逃生。

● 如果火点在楼上,你在火点以下,你可以放心,你有相对较长的时间来处理逃生。

◎ 要尽量通过安全疏散通道快速逃生。

◎ 不要乘坐电梯逃生。电梯往往容易断电而造成电梯"卡壳",而电梯又是一个相对封闭的空间,人在电梯里随时会被浓烟毒气熏呛而窒息。

◎ 贴着地爬行逃生。火灾中产生的浓烟由于热空气上升的作用，大量的浓烟将飘浮在上层，因此，在火灾中离地面30 cm以下的地方还应该有新鲜空气，所以头部应尽量贴近地面。

◎ 当穿过浓烟时要用湿毛巾捂住口鼻，然后用手扶着墙壁，沿墙壁采取弯腰或爬行姿势快速逃生。

◎ 逃离时最好弯腰使头部尽量接近地板，必要时应匍匐前进。

● 如果你在上，火点在下，那么你需要再次冷静分析处理。

◎ 判断火点距离你有多远，然后你尽量往下走，到了之后如果发现逃生通道还可以通过，那么做好防护，立即冲下去。

◎ 如果火势很大，则不要幻想可以强行突破，因为火场中心温度达1 000 ℃以上，有去无回。也不要在邻近楼层停留，温度也在几百 ℃（此外，如果你没有浸湿的毛巾，你最多在滚滚浓烟中坚持3 min，如果你有湿毛巾，你最多能够多坚持15 min），应当迅速转身上楼，寻找其他方法。

◎ 如果逃生通道已无法通过，你还有两种选择，第一，如果通往天台的门是开着的，那么你可以爬上天台，这样露天之后就不会受到烟气的威胁。如果上不到天台，就要尽量找一个有水的房间，退回室内采取有效措施躲避，发出求救信号等待救援，千万不能乘坐电梯或跳楼逃生。

◎ 尽量让自己暴露。暂时无法逃避时，不要藏到狭小的地方，如壁橱等。应该尽量待在阳台、窗口等易被人发现的地方，以便救援人员发现。

◎ 尽量靠墙躲避。消防人员进入室内时，都是沿墙壁摸索进行的，所以，当被烟气窒息失去自救能力时，应努力滚向墙边或者门口。

◎ 扑灭身上的火苗。身上一旦着火，而手边又没有水或灭火器时，千万不要跑或用手拍打，必须立即设法脱掉衣服，或者就地打滚，压灭火苗。

◎ 不要选择跳楼。如果被困于楼层较低（三层以下）位置，逃生时可将室内席梦思、被子等软物抛到楼底，再从窗口跳至软物上逃生，或是把床单、窗帘、地毯等接成绳，进行滑绳自救。处于较高层时，不应着急，不能盲目跳楼。

◎ 如果救援人员迟迟不来，我们也可以自己救自己，比如爬到隔壁的阳台上，或者用被单结成绳子爬到楼下的阳台上；如果火已经蹿到阳台上，我们尽量趴在地上，因为烟是往上蹿的，越是离地面近的地方，烟就越少，而且不会很热。用湿衣服包住头，避免受伤。如果发现你所在的屋子有空调外机甚至有专门的突出的水泥台放置外机，你可以站在那里避免火势的威胁。

3．不能因为惊慌而忘记报警

进入高层建筑后应注意通道、警铃、灭火器的位置，一旦火灾发生，要立即按警铃或打电话。延缓报警是很危险的。

安全妙语"谨"上添花：

高层建筑火势猛　　保持冷静莫惊慌
灾害蔓延实在快　　匍匐前进防烟尘
逃生线路要熟悉　　爬上平台待救援

第四章 | 掌握火灾扑救技能 熟记火场逃生技巧

二、公共场所起火逃生须知

▲ 要了解和熟悉环境。当你走进商场、宾馆、酒楼、歌舞厅等公共场所时，要留心太平门、安全出口、灭火器的位置，以便在发生意外时及时疏散和灭火。

▲ 要迅速撤离。一旦听到火灾警报或意识到自己被火围困时，要立即想法撤离。

▲ 要保护呼吸系统。逃生时可用毛巾或餐巾布、口罩、衣服等将口鼻捂严，否则，会有中毒和被热空气灼伤呼吸系统软组织窒息致死的危险。

▲ 要从通道疏散，如疏散楼梯、消防电梯、室外疏散楼梯等。也可考虑利用窗户、阳台、屋顶、避雷线、落水管等脱险。

▲ 要利用绳索滑行。用结实的绳子或将窗帘、床单、被褥等撕成条，拧成绳，用水沾湿后将其拴在牢固的暖气管道、窗框、床架上，被困人员逐个顺绳索滑到下一楼层或地面。

▲ 如果处于二层楼，可跳下逃生。跳前先向地面扔一些棉被、枕头、床垫、大衣等柔软的物品，以便"软着陆"，然后用手扒住窗户，身体下垂，自然下滑，以缩短跳落高度。

▲ 要借助器材。通常使用的有缓降器、救生袋、网、气垫、软梯、滑竿、滑台、导向绳、救生舷梯等。

▲ 暂时避难。在无路逃生的情况下，可利用卫生间等暂时避难。避难时要用水喷淋迎火门窗，把房间内一切可燃物淋湿，延长时间。在暂时避难期间，要主动与外界联系，以便尽早获救。

▲ 利用标志引导脱险。在公共场所的墙上、顶棚上、门上、

转弯处都设置"太平门""紧急出口""安全通道""火警电话"和逃生方向箭头等标志，被困人员按标志指示方向顺序逃离，可解"燃眉之急"。

▲ 要提倡利人利己。遇到不顾他人死活的行为和前拥后挤现象，要坚决制止。只有有序地迅速疏散，才能最大限度地减少伤亡。

三、平房起火逃生须知

▲ 睡觉时被烟呛醒，应迅速下床俯身冲出房间，不要等穿好了衣服才往外跑，此刻时间就是生命。

▲ 如果整个房屋起火，要匍匐爬到门口，最好找一块湿毛巾捂住口鼻。如果烟火封门，千万别出去，应改走其他出口，并随手把你通过的门窗关闭，以延缓火势向其他房间蔓延。

▲ 如果你被烟火围困在屋内，应用水浸湿毯子或被褥，将其披在身上，尤其要包好头部，用湿毛巾蒙住口鼻，做好防护措施后再向外冲，这样受伤的可能性要小得多。

▲ 千万不要趴在床下、桌下或钻到壁橱里躲藏，也不要为抢救家中的贵重物品而冒险返回正在燃烧的房间。

四、办公楼起火逃生须知

现代办公楼由于桌椅等可燃物较多，当发生火灾时，逃离比较困难。一旦楼房着火，应当按以下方法逃生：

▲ 当发现楼内失火时，切忌慌张、乱跑，要冷静地探实着火方位，确定风向，并在火势未蔓延前朝逆风方向快速离开火灾区域。

▲ 起火时，如果楼道被烟火封死，应该立即关闭房门和室内通风孔，防止进烟。随后用湿毛巾堵住口鼻，防止吸入热烟和有毒气体，并将身上的衣服浇湿。如果楼道中只有烟没有火，可在头上套一个较大的透明塑料袋，防止烟气刺激眼睛和吸入呼吸道，并采用弯腰的低姿势，逃离烟火区。

▲ 千万不要从窗口往下跳。如果楼层不高，可以在消防人员的组织下，用绳子从窗口降到安全地区。

▲ 发生火灾时，不能乘电梯，因为电梯随时可能发生故障或被火烧坏；应沿防火安全疏散楼梯朝底楼跑；如果中途防火楼梯被堵死，应立即返回到屋顶平台，并呼救求援。也可以将楼梯间的窗户玻璃打破，向外高声呼救，让救援人员知道你的确切位置，以便营救。

五、楼梯失火逃生须知

楼梯一旦被烧断，似乎陷入"山穷水尽"的绝境，其实不然。

▲ 可以从窗户旁边安装的落水管道往下爬，但要注意察看管道是否牢固，防止人体攀附上去后断裂脱落造成伤亡。

▲ 将窗帘撕开连接成绳索，一头牢固地系在窗框上，然后顺绳索滑下去。

▲ 楼房的平屋顶是比较安全的处所，也可以到那里暂时避难。

▲ 从突出的墙边、墙裙和相连接的阳台等部位转移到安全区域。

▲ 到未着火的房间内躲避并呼救求援。

▲ 跳楼往往凶多吉少，是最不可取的逃生方式。但如果你被

困在二层楼上,迫不得已则可采用双手扒住窗户或阳台边缘,将两脚慢慢下放,双膝微曲往下跳的方法。

六、当楼内房间被火围困逃生须知

楼房发生火灾后,能冲出火场就要冲出火场,能转移就要设法转移。火势强烈,实在没有道路逃离时,你可以采用下述方法,等待求援:

▲ 坚守房门,用衣服将门窗缝堵住。同时要不断向门、窗上泼水。

▲ 室内一切可燃物,如床、桌椅、被褥等,都需要不断向上泼水。

▲ 不要躲在床下、框子或壁橱里。

▲ 设法通知消防人员前来营救。要俯身呼救,如喊声听不见,

可以用手电筒照射，或挥动鲜艳的衣衫、毛巾及往楼下扔东西等方法引起营救人员注意。

七、身上衣服失火逃生须知

▲ 不要盲目乱跑，也不能用手扑打。应该扑倒在地来回打滚，或跳入身旁的水中。

▲ 如果衣服容易撕开，也可以用力撕脱衣服。

▲ 营救人员可往着火人身上泼水，帮助撕脱衣服等，但不可以将灭火器对着人体直接喷射，以防化学感染。

八、剧场失火逃生须知

▲ 首先要观察太平门的位置，了解紧急救生路线。这样，万一发生危险，也可望从容脱险。

▲ 烟火起，莫惊慌，应辨明方向，认准太平门、安全出口、避难间的位置，选好逃离现场的路线。

▲ 沿着疏散通道往外走，千万不要拥挤、盲从，更不要来回跑。

▲ 不要往舞台上跑，因为舞台可燃物多，安全疏散出口宽度小，而且还要爬梯，很危险。

▲ 如果烟雾太大或突然断电，应沿着墙壁摸索前进，不要往座位下、角落里乱钻。

九、山林失火逃生须知

▲ 辨别风向、风力以及火势的大小，选择逆风或侧风的安全

逃离路线。

▲ 如果风大、火势猛烈,并且距人较近,可以选择崖壁、沟洼处暂时躲避,待风小、火小时再脱身。

▲ 如果火距人较远,则应选择逆风方向或与风向垂直的两侧撤离。例如刮北风,则应朝北或东、西两方向脱离险境。

▲ 不要顺风跑,因为风速、火速要比人跑得快。

以上给大家介绍了几种假设条件下火灾避难的方法。实际上,各种火场的情况是非常复杂的,万一遇到火灾,要牢记十六字:临危不惧,清醒果断,争分夺秒,巧妙脱险。总之,争取时间,快速离开,才是上策。

> **安全妙语"谨"上添花:**
>
> 遇到火情要冷静　　尽快脱离危险点
> 寻找出口不惊慌　　争取时间保安全

十、火灾逃生:"三要""三救""三不"

当我们面对大火,必须坚持"三要""三救""三不"的原则,才能够化险为夷,绝处逢生。

1. "三要"原则

▲ 要熟悉自己住所的环境;

▲ 要遇事保持沉着冷静;

▲ 要警惕烟毒的侵害。

第四章 | 掌握火灾扑救技能 熟记火场逃生技巧

平日要多注意观察，做到对住所的楼梯、通道、大门、紧急疏散出口等了如指掌，对有没有平台、天窗、临时避难层（间）心中有数。这样一旦发生火灾等险情时，就不会慌了手脚，盲目乱闯。

面对熊熊大火，只有保持沉着和冷静，才能采取迅速果断的措施，保护自身和别人的安全，将财产损失减少到最低程度。

在火灾中，最大的"杀手"并非大火本身，而是在焚烧时所产生的大量有毒烟雾。

专家要求人们用湿毛巾将鼻子和嘴捂住，尽快撤离火场。火势过大过猛烈时，可以披湿棉被为掩护弯腰快跑，或者贴近地面爬行。由于有毒烟气飘浮在房屋空间的上部，因此，绝对不能以直立的姿势去跑。

2. "三救"原则

▲ 选择逃生通道自救；

▲ 结绳下滑自救；

▲ 向外界求救。

发生火灾时，利用烟气不浓或大火尚未烧着的楼梯、疏散通道、敞开式楼梯逃生是最理想的选择。如果能顺利到达失火楼层以下，就算基本脱险了。

在遇上过道或楼梯已经被大火或有毒烟雾封锁后，应该及时利用绳子（或者把窗帘、床单撕扯成较粗的长条结成的长带子），将其一端牢牢地系在自来水管或暖气管等能负载体重的物体上，另一端从窗口下垂至地面或较低楼层的阳台处，然后沿着绳子下滑，逃离火场。

倘若自己被大火封锁在楼内，一切逃生之路都已切断，那就得暂时退到房内，关闭通向火区的门窗。可向门窗浇水，以减缓火势的蔓延；与此同时，通过窗口向下面呼喊、招手、打亮手电筒、抛掷物品等，发出求救信号，等待消防队员的救援。

总之，不要因冲动而做出不利于逃生的事。

3."三不"原则

▲ 不乘普通电梯；

▲ 不轻易跳楼；

▲ 不贪恋财物。

发现火灾后，人们为了阻止大火沿着电气线路蔓延开来，都会拉闸停电。有时候，大火会将电线烧断。如果乘坐普通电梯逃生，遇上停电可就麻烦了，既上不去，又下不来，无异于将自己困在"囚笼"里，其危险性可想而知。

这里特别要指出的是，按照防火要求安装的消防电梯除外，因为它有单独的电源控制和其他安全设备，可用于人员的疏散。

跳楼求生的风险极大，弄不好往往不是死就是伤，不可轻取。即使在万般无奈之际出此下策，也要讲究方法。首先，应该向楼下抛掷棉被或床垫，以便身体着落时不直接与硬的水泥或者石头路面相撞，减少受伤的可能性；然后双手抓住窗沿，身体下垂，双脚落地跳下，缩小与地面的落差。

火灾来势极快，10 min 后便可进入猛烈阶段。因此，消防专家警告，遇上火灾时，必须迅速疏散逃生，切莫贪恋财物。更不要在已经逃离火场后，为了抢救财物而重返火口，到头来只能是人财两空，自取灭亡。

第五章

牢记消防规章制度 遵守消防操作规程

第一节 牢记消防规章制度

一、消防安全教育、培训制度

▲ 消防安全教育与培训由防火负责人负责组织,利用放录像、板报、宣传画、标语、授课等各种形式,根据不同季节、节假日的特点,结合各种火灾事故案例,积极主动、深入持久地开展宣传教育工作,使员工提高防火的警惕性和同火灾作斗争的自觉性,提高自防自救能力。

▲ 把消防培训纳入职工培训中,对各级领导干部、志愿消防人员、新职工、重点岗位人员、特殊工种人员,必须经过防火安全技术学习和实际操作培训,并经考试取得操作合格证和体检合格,方能上岗操作。未经消防安全教育培训或消防安全责任心不强的职工不得上岗。

▲ 对职工进行消防安全教育培训，各部门职工可根据工作情况分散分批参加。教育培训的内容：

（1）宣传《消防法》和有关消防工作的方针、政策、法规、制度；

（2）交流和推广消防工作经验；

（3）宣传消防工作的好人好事；

（4）普及消防知识，使广大职工掌握报警的方法和内容；

（5）明确各自岗位的消防工作职责、本岗位安全操作规程和防火安全要求、应急情况的处理方法；

（6）宣传本单位灭火预案的基本内容；

（7）使广大职工掌握灭火器材、设备的使用方法和自救、互救、人员疏散的技能。

安全妙语"谨"上添花：

持续教育很重要　　自救能力要提高
明确责任和制度　　消防安全有保障

二、防火巡查检查制度

▲ 防火巡查、检查由消防安全责任人、管理人、归口管理职能部门负责人组织各部门进行。

▲ 防火巡查人员应当及时纠正违章行为，妥善处置火灾危险，无法当场处置的，应当立即报告。

▲ 发现初起火灾应当立即报警并及时扑救。对巡查、检查发现的问题责令其当场改正，不能当场改正的下达《限期改正通

知书》。

▲ 防火巡查、检查应当填写巡查、检查记录。归口管理职能部门负责人和被检查的消防安全责任人应当在巡查、检查记录上签字,存档备查。

▲ 防火巡查应当包括以下内容:

(1)用火、用电有无违章情况;

(2)安全出口、疏散通道是否畅通,安全疏散标志、应急照明是否完好;

(3)消防设施、器材是否保持正常工作状态,消防安全标志是否在位、完整;

(4)常闭式防护门是否关闭严密;

(5)消防设施管理、值班人员是否在岗在位;

(6)其他需巡查的情况。

▲ 防火检查应包括以下内容:

(1)火灾隐患整改及纠正、预防措施落实情况;

(2)安全疏散通道、疏散标志、应急照明和安全出口情况;

(3)消防水源状况;

(4)消防设施正常情况、灭火器材、消防安全标志设置和功能状况;

(5)重点工种人员及其他员工消防知识掌握情况;

(6)消防安全重点部位的管理情况;

(7)消防控制室值班情况和设施运行情况;

(8)防火巡查开展情况;

(9)其他需要进行防火检查的内容。

> 安全妙语"谨"上添花：
>
> 防火检查纠违章　　火灾隐患剔除掉
> 消防设备要完好　　保障安全最重要

三、火灾隐患整改制度

▲ 公司对存在的火灾隐患，应当确定专门部门和人员及时予以消除。

▲ 对不能当场改正的火灾隐患，由消防归口管理职能部门根据管理分工，及时将火灾隐患向消防安全管理人或消防安全责任人书面报告，并提出整改方案。

▲ 对随时可能引发火灾的隐患或重大火灾隐患，应将危险部位停止生产、经营或工作，立即进行整改，并落实整改期间的安全防范措施。

▲ 消防安全管理人或消防安全责任人应确定整改的措施、期限以及负责整改的部门、人员，并落实整改资金。

▲ 对公安消防机构检查或抽查发现的火灾隐患，要指定专人落实整改，整改完毕后写出火灾隐患整改报告报消防机构。

▲ 对检查发现的火灾隐患要认真填写检查记录，火灾隐患整改完毕，负责整改的部门或者人员应当将整改情况记录报送消防安全责任人或消防安全管理人签字后存档备查。

▲ 火灾隐患整改完毕要组织进行检查验收。

▲ 对本单位无力进行整改的火灾隐患要及时上报上级主管部门。

> 安全蜜语"谨"上添花：
>
> 消除隐患靠整改　　防范措施要落实
> 发现隐患及时报　　检查验收不可少

四、用火用电安全管理制度

▲ 各单位应严格实行用火用电的消防安全管理规定。

▲ 用电安全管理的内容包括：

（1）严禁随意拉设电线，严禁超负荷用电。

（2）电气线路、设备安装应由机电部门的持证电工负责。

（3）各车间下班后，该关闭的电源应予以关闭，否则，将对责任人提出处分。

（4）禁止私用电热棒、电炉等大功率电器。

▲ 用火安全管理：

（1）严格执行动火审批制度，确需动火作业时，作业单位应按规定向相关部门申请《动火许可证》，外包施工通过发包单位代办申请。

（2）作业前应清除动火点附近 4.5 m 区域范围内的易燃易爆危险物品或作适当的安全隔离，并向消防部门借取适当种类、数量的灭火器材随时备用，结束作业后应即时归还，若有动用应如实报告。外包施工单位动用灭火器应承担重新灌药之费用，如若造成其他损失还应照价进行赔偿并承担责任。

（3）如属在作业点就地动火施工，应按规定将办理申请会签

到作业点所在单位经理级（含）以上主管人员，申请单位需派人现场监督，保卫科亦需不定时派人前往巡查。离地面 2 m 以上的高架动火作业必须保证一人在下方专职负责随时扑灭可能引燃其他物品的火花。

（4）在保证安全又不影响现场正常生产的前提下，要求在申请《动火作业申请单》时，原则上禁止夜间动火，特别危险作业区严禁夜间动火。

（5）现场公休期间的动火作业应事先申请，由施工单位派人负责监护，如果是由承包商动火作业，则由发包单位派人负责监护。

（6）未办理《动火作业许可证》擅自动火作业者，本单位人员予以记过处分，严重的予以开除；外包施工违反的则处以外包商一定的罚款，令其办妥手续后再施工。

五、电气设备的检查和管理制度

▲ 安装和维修电气设备必须由专业电工按规定实施，新设、增设、更换电气设备必须经过主管部门及检验合格后投入使用。

▲ 电气设备和线路要定期检修，发现问题及时报告、及时处理。

▲ 对使用电气设备的有关人员，单位应定期进行教育培训，以提高有关人员的消防安全意识。

▲ 每年对避雷装置进行全面检测，对防静电设施进行定期检测。

> 安全妙语"谨"上添花：
>
> 用电安全要落实　　动火作业要申请
> 安全管理很重要　　现场监督保安全

六、消防值班制度

▲ 公司要坚持 24 小时消防安全值班制度，每班不少于两人。

▲ 值班人员要熟悉和掌握消防法规和本单位消防工作管理制度及应急措施；熟悉消防重点部位的布局、建筑特点、防火区域及疏散通道走向、消防设备的配置情况；熟悉并掌握各类消防设施的使用性能和操作方法。

▲ 值班人员应坚守岗位、忠于职守，做到不脱岗、不睡岗、不做与工作无关的事情。

▲ 值班人员要做好消防值班记录和交接班记录，处理消防报警电话。要严格执行交接班制度，按时交接班，做好值班记录、设备情况、事故处理等情况的交接手续。当班未处理完的事项及重大问题要交接清楚，并进行实地检查交接和签字。

▲ 值班人员要对管理范围内的各种消防设施、器材进行检查，确保设施、器材的完好有效。发现设备故障时，应及时报告消防安全责任人或消防安全管理人。

▲ 值班人员对携带易燃易爆危险物品进入公司的人员要进行驱逐并采取必要的防范措施。

▲ 发现火警信号或接到报警时，要迅速进行实地查看，并及时将着火地点、火势情况、燃烧物质、报告人姓名、扑救情况向有关领导报告，并以最快的速度向公安消防部门报警，做好详细记录。

▲ 消防安全责任人和消防安全管理人要对公司消防安全值班情况进行督查。

▲ 因值班人员工作失职造成火灾事故的，应按《公司消防安全工作考评和奖惩制度》进行处理。

七、专职和志愿消防队的组织管理制度

▲ 专职消防队主要由消防安保人员组成，志愿消防队员由管理人员及员工组成，统一由消防归口管理职能部门负责管理。

▲ 消防归口管理职能部门对专职消防队员每月进行一次培训，对志愿消防队员每年进行一次培训。

▲ 消防归口管理职能部门每年组织专职和志愿消防队员进行

一次灭火疏散演练。

▲ 专职和志愿消防队员要服从消防归口管理职能部门的统一调度、指挥,根据分工各司其职、各负其责。

▲ 根据人员变化情况对专职和志愿消防队员及时进行调整、补充。

▲ 培训主要内容包括:
(1)防火、灭火常识,消防器材的性能及适用范围;
(2)消防设施、器材的操作及使用方法;
(3)火灾扑救、组织人员疏散及逃生方法;
(4)火灾现场的保护。

安全妙语"谨"上添花:

消防值班为安全　　坚守岗位不溜号
应急措施准备好　　及时记录很重要

八、易燃易爆危险物品和场所防火防爆管理制度

▲ 易燃易爆危险物品应有专用的库房,配备必要的消防器材设施,仓库人员必须由消防安全培训合格的人员担任。

▲ 易燃易爆危险物品应分类、分项储存。化学性质相抵触或灭火方法不同的易燃易爆化学物品应分隔存放。

▲ 易燃易爆危险物品入库前应经检验部门检验,出、入库应进行登记。

▲ 库存物品应分类、分垛储存,每垛占地面积不宜大于$100m^2$,

垛与垛之间的距离不小于 1 m，垛与墙间距不小于 0.5 m，垛与梁、柱的间距不小于 0.3 m，主要通道的宽度不小于 2 m。

▲ 易燃易爆危险物品存取应按安全操作规程执行，仓库工作人员应坚守岗位，非工作人员不准随意入内。

▲ 易燃易爆场所应根据消防规范要求采取防火防爆措施，并做好防火防爆设施的维护保养工作。

安全妙语"谨"上添花：

专业存放危险品　　分类储存分隔放
负责人员要培训　　消防器材要齐备

九、灭火和应急疏散预案演练制度

▲ 单位应当成立由消防安全责任人、管理人、归口管理部门负责人等组成的灭火和应急疏散预案演练（以下简称演练）领导小组。

▲ 演练领导小组由指挥组、灭火行动组、通讯联络组、疏散引导组、安全救护组组成。

▲ 领导小组根据单位实际制定灭火和应急疏散预案，每年组织员工进行一次演练。

▲ 预案演练组中的各小组成员按照各自的职责分工每年进行一次培训。

▲ 灭火和应急疏散预案组织中的各级、各类人员，必须按照演练的统一要求，在规定的时间内到达指定位置。

第五章 | 牢记消防规章制度　遵守消防操作规程

▲ 对通过演练暴露出的问题,由消防安全归口管理职能部门根据演练领导小组提出的意见对预案进行修改完善。

安全妙语"谨"上添花:

应急预案要完善　　每年一度勤演练
领导小组确认好　　暴露问题要整改

第二节　遵守消防操作规程

一、消防安全责任人职责

单位消防安全责任人履行下列消防安全职责:

▲ 贯彻执行消防法规,保障本单位消防安全符合规定,掌握单位的消防安全情况;

▲ 将消防工作与单位生产、经营、管理等活动统筹安排,批准实施年度消防工作计划;

▲ 为本单位的消防安全提供必要的经费和组织保障;

▲ 确定逐级消防安全责任,批准实施消防安全制度和保障消防安全的操作规程;

▲ 组织防火检查,督促落实火灾隐患整改,及时处理涉及消防安全的重大问题;

▲ 根据消防法规的规定建立志愿消防队;

▲ 组织制定符合单位实际的灭火和应急疏散预案，并实施演练。

二、消防安全管理人员职责

消防安全管理人对单位的消防安全负责，实施和组织落实下列消防安全管理工作：

▲ 拟定本单位消防工作计划，组织实施日常消防安全管理工作；

▲ 组织制定消防安全制度和保障消防安全操作规程，并检查督促其落实；

▲ 拟定消防安全工作的资金投入和组织保障方案；

▲ 组织实施防火检查和火灾隐患整改工作；

▲ 组织实施对单位消防设施、灭火器材和消防安全标志的维护保养，确保其完好有效，确保疏散通道和安全出口畅通；

▲ 组织管理志愿消防队；

▲ 在员工中组织开展消防知识、技能的宣传教育和培训，组织灭火和应急疏散预案的实施和演练；

▲ 单位消防安全责任人委托的其他消防安全管理工作；

▲ 消防安全管理人定期向消防安全责任人报告消防安全情况，及时报告涉及消防安全的重大问题。

三、一般单位消防操作规程

▲ 熟练掌握消防常识；本岗位火灾危险性和防火措施；本

第五章 | 牢记消防规章制度 遵守消防操作规程

岗位消防安全职责和安全操作规程；灭火和应急疏散预案；报警、扑救初起火灾和疏散逃生的基本方法。

▲ 熟悉灭火器、消火栓、报警按钮等常规性的消防器材使用方法，灭火器应拉开保险销，对准起火点，按下把手扑救；消火栓应接好水带、水枪，拉直后打开阀门，按下消火栓内的启泵按钮；报警按钮应直接按下。

▲ 积极参加单位组织的灭火和应急疏散演练，熟悉本岗位附近存在的消防器材，有新员工工作时，应告知本岗位职责，并教其熟悉消防常识。

▲ 发生火灾时就近拿上灭火器，或接好消火栓水带、水枪参与火灾扑救。

▲ 发生火灾时，要提醒在场人员稳定情绪，正确使用疏散逃生装备、器材，按照疏散路线迅速、有序逃生，并为老、弱、病、残者提供帮助。

▲ 指引顾客和其他员工沿指定路线有序撤离；告知疏散人员用湿毛巾或衣物捂住口鼻，降低高度，控制逃生速度，防止踩踏；引导已逃生人员迅速向开阔空地撤离，不得围观或重新进入火场寻找财物。

▲ 火灾无法控制时，火场总指挥应立即通知所有参加灭火和引导疏散的人员迅速撤离。

▲ 当人员被困无法疏散时，员工要保持冷静，带领人员到安全的地方躲避烟火，等待救援。

四、灭火和应急疏散预案

某单位为确保安全，使各级领导和全体员工在一旦发生火灾的情况下，能快速处置初期火灾事故，及时有效地扑灭火灾，迅速疏散人员，减少火灾造成的财产损失，保障人员安全，曾制定下述预案。

1. 组织机构

▲ 指挥人员：
总指挥；
副总指挥。

▲ 参与人员：

消防中心；

灭火组；

救护组；

疏散组；

警戒组；

通讯组。

2. 报警和接警程序

消防控制中心值班人员发现报警后，必须在第一时间通过对讲机通知值班的志愿消防队员到报警点检查；通知时必须说清报警点的具体位置。

就近值班队员接到控制中心火警通知后，应迅速赶到报警地点查看，如确认有火情，必须立即用对讲机或消防专用电话与控制中心联系，报告有火情。

任何人发现火灾，应立即呼叫本单位消防中心值班电话；及时拨打"119"报警，讲清楚起火的单位名称、地址、火灾事故的部位、燃烧什么物品、火势大小等有关情况，并到主要通道路口等候。消防控制室值班人员立即通知志愿消防队员第一时间赶到现场增援，组织员工和志愿消防队救火，并根据情况迅速报告本单位有关部门和领导，保障消防通道畅通。

3. 应急疏散程序及措施

消防控制室确认火灾发生后，应立即启动本灭火疏散预案，在最短时间内疏散人员。消防控制室立即将自动消防设施手动状态调整到自动状态，启动强制视频切换系统、声光报警系统，各部门工作人员应及时确认各部门无人员滞留。疏散过程中，关闭经过路线门窗，防止火灾蔓延扩大。电工应立即切断电源。

平时工作通道禁止堆放物品，保障消防通道的顺畅；在各部门设置人员疏散指示牌、应急灯。应急疏散工作由疏散组具体组织实施。

4. 扑救初起火灾程序及措施

第一灭火力量的形成流程：

任何人员发现火灾后应立即呼叫附近员工参与灭火救援；火灾现场或附近区域的工作人员听到呼叫后应立即赶往失火地点，在 1 min 内组成第一灭火力量。切断电源，紧急转移各种易燃、易爆物品，快速了解清楚燃烧什么物品，以便采取不同的灭火扑救措施，并要了解附近有无对火灾现场造成威胁的物品。

第二灭火力量的形成流程：

消防控制室值班人员在接到报警后，应立即按照相应处置程序，确认火警后，迅速通知本单位志愿消防队员向起火部位集结，并报告单位值班领导，在 3 min 内组成第二灭火力量。要根据火场情况，采取速战速决的灭火方法或先控制、后灭火的方法进行扑救；要采取有效措施，防止火灾的蔓延而造成更大损失。

志愿消防队员和员工在参加灭火时，取就近地点的灭火器、铺设室内消火栓水带、水枪进行扑救火灾，同时通知附近志愿消防人员携带灭火器材到现场增援，通知消防控制室值班人员启动室内消火栓泵、喷淋泵对消防水管进行增压，保障灭火水量、水压的充足。

扑救火灾工作由灭火组具体组织实施。

5. 通讯联络、安全防护救护的程序和措施

通讯联络：

报警时使用的火警联络电话由专人守候、保障联络畅通。通讯联络工作由通讯组具体组织实施。

火灾现场的防护：

在火灾现场，要安排专人观察整个火灾现场情况，发现不安全情况及时通报，以便采取相应对策；对受到火势威胁的易燃易爆物质等应做好防爆措施，如疏散到安全地带等。爆炸不可避免时，应及时撤离全部在场人员，确保火灾现场人员的生命安全。

火灾现场的救护：

要迅速将伤员撤离危险地带，在现场采取应急救护措施后，迅速将需要进一步救治的伤员送往医院。安全防护救护工作由救护组具体组织实施。全体员工要以对国家和人民生命财产高度负

责的精神，做好火灾的预防工作。一旦发生火灾，要沉着应对，做到早发现、早报警、早扑救，把火灾事故损失减少到最低程度。

安全警戒：

不准无关人员进入火灾现场；指导疏散人员尽快撤离；看管好疏散物品；指引公安消防队进入着火点和消防控制中心。警戒任务由单位的安防部门承担。

6. 报警、扑救初起火灾和疏散逃生的基本方法

报警拨打"119"电话，报警时要讲清详细地址、起火部位、着火物质、火势大小、报警人姓名及电话号码，并派人到路口迎候消防车。

扑救初起火灾时首先选用灭火器，当用灭火器无法扑救时选用室内消火栓出水灭火，灭火时注意保护自身安全。

逃生方法：

（1）利用疏散通道逃生；

（2）利用现有的疏散设施帮助逃生；

（3）寻找避难处所；

（4）互相救助逃生；

（5）自救逃生。

7. 员工要掌握火场逃生自救基本技能，熟悉逃生路线和引导人员疏散程序

（1）员工应熟悉本岗位就近疏散通道和安全出口的位置及数量，掌握火场疏散逃生装备、器材的配置情况和使用方法。

火场逃生自救基本技能主要包括：

逃生路线的选择；

逃生防护的方法（湿巾捂鼻、弯腰等）；

逃生技巧的运用；

自身的忍耐度和意志力等。

（2）发生火灾时，员工要提醒顾客稳定情绪，正确使用疏散逃生装备、器材，按照疏散路线迅速、有序地逃生，并为老弱病残者提供帮助。

（3）当人员被困无法疏散时，员工要保持冷静，带领人员到安全的地方躲避烟火，等待救援。

8. 员工要熟悉第一、第二灭火力量的形成情况

第一灭火力量处置步骤：

▲ 火灾报警按钮或电话附近的员工，立即摁下按钮或拨打电

话通知消防控制室值班人员；

▲ 距起火点近的员工负责利用附近的灭火器、消火栓等设施、器材进行灭火；

▲ 距安全通道或安全出口近的员工立即组织人员向安全地点疏散；

▲ 距排烟开启装置近的员工就近打开排烟设施。

第二灭火力量处置步骤：

▲ 消防控制室值班人员在接到报警后，迅速组织单位第二灭火力量到场处置，同时拨打"119"电话报警，及时启动相关建筑消防设施。

▲ 消防控制室值班人员确认火灾后，应立即启动火灾警报或应急广播，向各区域人员通报火灾信息，引导大家有序疏散。单位疏散引导人员负责通过呼喊等方式通报火情，告知各部门人员及时疏散。

▲ 第二灭火力量到场后，迅速组成灭火、抢救、疏散和警戒等工作组，其中灭火组负责利用灭火器、消火栓等器材、设备进行灭火；抢救组负责携带抢险工具抢救周围受伤人员以及贵重物资；疏散组负责疏导被困人员，引导其从最近的安全出口撤离；警戒组负责赶赴各个安全出口处，开展现场警戒工作，设置隔离区，维护现场秩序。